KB232631

여성을 위한
푸드테라피

맛과 건강, 뷰티를 동시에 챙기는

마법의 레시피

신유리 · 공경용 지음

이인시각
different perspective

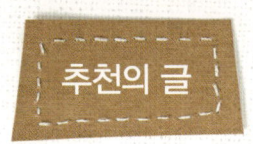

건강한 음식을 통해 건강한 삶을 유지하고자 하는 사람이라면 누구에게나 꼭 필요한 책이 될 것이다. 이 책에는 여성의 몸에 꼭 필요한 음식 정보와 레시피가 들어 있다.

데이빗 포스켓_영국 여왕 훈장 수상자, 영국 웨스트 런던대학교 학장

건강에 대한 관심은 전 세계적으로 높아지고 있다. 훈련된 요리사가 쓴 이 책은 질병에 좋은 음식에 관심 있는 여성들에게 유용한 책이다. 건강한 식생활은 신선한 재료로 만든 진실된 음식이 기본이 돼야 한다. 이 책은 그러한 지식을 토대로 쓰여졌으며, 그래서 건강한 식생활과 웰빙에 관심이 많은 사람들에게 소개하고 싶다.

앤드류 맥스웰_영국 탄테마리 컬리너리 아카데미

개별 음식에 대한 지식과 깊은 이해가 느껴진다. 또한 간편한 요리법을 제시하고 있어 젊은 세대가 쉽게 적용할 수 있으리라 생각된다. 《마법의 레시피》는 맛있는 요리와 건강을 동시에 생각한 좋은 책으로 많은 사람들에게 추천해 마지 않는다.

정영수_한의사

무엇을 먹느냐에 따라서 우리가 누구인지 알 수 있다. 우리가 먹는 음식에 우리의 건강이 달려 있다는 뜻이다. 《마법의 레시피》는 우리가 항상 궁금해하던 일반 의학상식과, 맛있는 요리법, 그리고 다양한 맛집 정보들이 풍부하게 담겨있는 책이다. 이렇게 중요한 세 가지 요소를 모두 가지고 있는 책은 《마법의 레시피》가 처음이다. 음식을 사랑하고 또 건강을 아끼는 모든 사람들에게 소개하고 싶다.

문은주_영국 가정의학 전문의

건강도 능력인 시대에 20~30대 여성들은 균형 잡힌 몸매, 건강한 피부 등 관리해야 할 부분이 너무나도 많다. 이 책은 양약과 한의학을 아우르며 여성들이 고민하고 있는 다양한 증상의 치료 및 개선을 위한 레시피를 소개한다. 20대의 아름다움을 오랫동안 유지하고 싶은 모든 여성들에게 추천한다.

이애란 _ 풀무원 ECMD영양사

바이올리니스트는 평소 건강한 체력관리가 중요한데 나 스스로 이 책을 통해 몸뿐만 아니라 마음도 건강해질 수 있었다. 《마법의 레시피》는 건강한 아름다움을 유지할 수 있는 요리법을 알기 쉽게 구체적으로 소개한다. 여성의 품격을 지키고 싶다면 일독을 권한다.

이현애 _ 바이올리니스트

외식문화의 수준이 높아진 요즘, '맛'뿐만 아니라 '건강'까지 생각하는 요리가 각광받고 있다. 《마법의 레시피》는 여성들의 건강을 생각한 다양한 레시피와 맛집을 꼼꼼하게 소개한다. 맛있는 요리와 건강한 삶을 모두 놓치고 싶지 않은 사람이라면 놓쳐선 안 될 책이다.

조국형 _ 정부 공식주관 한식 세계화 스타 셰프

"우리의 목표는 가능한 한 많은 사람들이 좋은 음식을 사랑하고 즐길 수 있도록 기회를 주고, 교육하고, 영감을 불어넣는 것이다."

– 제이미 올리버

사람은 살기 위해 먹습니다. 산다는 것은 곧 현재 상태를 유지하는 것이며, 이를 위해서는 반드시 음식을 섭취해야 합니다. 우리 몸은 현 상태를 유지하려는 습성이 본능적으로 있습니다. 성장이나 노화 같은 장기적 변화는 피할 수 없지만 지난주와 이번 주, 어제와 오늘, 조금 전과 지금처럼 비교적 짧은 기간에는 눈에 띨 만한 변화가 없는 것이 정상입니다.

따라서 어느 날 갑자기 혈압이 오르거나 혈당치가 높아지는 등 몸에 이상신호가 감지된다면 건강에 문제가 생긴 것입니다. 놀랍게도 이런 이상신호는 대개 영양 불균형으로 발생합니다. 많은 전문가가 식습관의 중요성을 강조하는 이유가 바로 여기에 있습니다.

맛있는 음식은 누구나 좋아합니다. 그러나 음식이 우리 몸에 얼마나 좋은지 제대로 알고 있는 사람은 많지 않은 듯합니다. 약간의 식생활 변화로도 우리는 건강하게 살 수 있습니다. 특히 생활습관병은 노력 여하에 따라 얼마든지 발병을 막을 수 있습니다. 저는 그런 과정에서 진짜 건강이 찾아온다고 믿습니다.

유학을 위해 영국에 도착한 2004년부터 지금까지 8년 동안 음식에 대한 영국 사람들의 인식은 크게 바뀌었습니다. 건강식에 관한 다양한 TV 프로그램이 제작되었고, 마트에 진열된 모든 식품에는 영양소와 칼로리가 표시됩니다. 그리고 테스코(Tesco)와 막스앤스펜서(Marks & Spencer), 웨이트로즈(Waitrose)와 아스다(Asda) 등에서는 간편하게 먹을 수 있는 건강 메뉴를 개발해 매일 제공하고 있습니다. 또한 모든 식품의 겉포장은 물론, 레스토랑과 카페 메뉴에도 글루텐 함유량을 표기하도록 법을 제정해 2012년 1월부터 시행하고 있습니다. 영국 출신의 세계적 셰프이자 사회적 기업가인 제이미 올리버는 감자튀김, 햄버거 등의 정크푸드 일색인 학교 급식에 문제를 제기하며 급식 혁명운동을 벌이기도 했습니다.

프랑스 가정요리와 호텔조리학, 조리경영학을 공부하던 저는 이런 변화 속에서 영국 웨스트런던 대학교의 학과장이자 영국 엘리자베스 여왕으로부터 MBE 명예 훈장을 받고, 영국 내 다양한 조리교재의 집필은 물론 유명한 케이터링(catering) 전문가이기도 한 데이비드 포스켓(David Foskett) 교수님을 만났습니다. 포스켓 교수님을 통해 건강한 음식의 중요성에 대해 배울 수 있었고, 그 결과 그런 음식을 직접 만들고 싶다는 꿈이 생겼습니다.

음식으로 건강을 챙기는 것, 그것이 바로 푸드테라피입니다. 푸드테라피는 '음식(Food)'과 '치료(Therapy)'의 합성어로, 인식하지 못할 뿐 우리나라에도 다양한 푸드테라피가 존재합니다. 감기 기운이 있으면 모과차나 생강차를 마시고, 생리통이 있을 때 매실차를 마시는 것 말입니다. 영국에서는 푸드테라피에 관해 다양한 연구가 이루어지고 있으며 각종 대중매체를 통해서도 쉽게 접할 수 있습니다.

건강한 다이어트는 물론 치매, 우울증, 유방암과 전립선암, 그밖에도 많은 증상들이 식습관 변화를 통해 개선되었다는 것을 알게 되면서 저는 우리나라에도 푸드테라피를 소개하고 싶어졌습니다. 그러던 중 2011년 겨울, 정읍의 한 초등학교에서 주먹밥 프로젝트를 실행하고 있던 박은혜 기자를 만난 것이 인연이 되어 이 책을 세상에 내놓게 되었습니다.

건강에 대한 사람들의 관심이 지대한 요즘, 다양한 매체에서 건강 관련 정보를 쏟아냅니다. 그러나 정보의 양이 많은 만큼 그릇된 정보들도 넘쳐납니다. 따라서 올바른 정보를 선택하기 위해서라도 지식은 어느 정도 반드시 필요합니다. 이 책은 푸드테라피 프로젝트의 첫 번째 결과물로 20~30대 여성 건강에 좋은 음식을 정리해놓았습니다. 생리통, 붓기, 작은 가슴, 무좀, 냉대하증, 오르가슴 등 쉽게 꺼내놓지 못하는 건강 고민에 대한 설명과 그에 좋은 음식 레시피를 소개했습니다. 직접 요리할 시간이 없는 여성을 위해 맛집도 수록했습니다. 비듬, 소화불량, 변비 등 일반적 증상에 대해서도 음식으로 예방하고 치료하는 방법을 제시하고 있으므로 많은 도움을 받을 수 있을 것입니다.

이 책은 영국과 미국에서도 출판될 예정인데, 영국판에는 런던에 있는 다양한 맛집을 소개할 것입니다. 이 책을 통해 모쪼록 많은 분이 유익한 정보를 얻고, 건강한 삶을 살아갈 수 있길 고대합니다. 다만 이 책에 소개된 권고가 전문 의사의 처방을 대신할 수는 없습니다. 특히 질병이 있는 분이라면 반드시 주치의와 상의하시길 바랍니다.

푸드테라피스트

신유리

• Contents •

Chapter 2 건강한 삶

Chapter 3 연애의 적

Chapter 4 임신 & 출산

Chapter 1
빛나는 외모

얼굴에 팡팡,
유전 터졌어요~

지성피부의 원인

번들거리는 얼굴 때문에 고민하는 사람이 많습니다. 지성피부에 좋다는 화장품을 써봐도, 세수를 자주 해도, 번들거리는 피부는 왜 이렇게 잡기 힘든 걸까요? 지성피부는 피지선에 피지가 과다하게 분비되는 피부 타입으로, 남성 호르몬인 안드로겐이 발달되어 생기는 현상입니다. 지성피부인 사람들은 대체로 혈액순환이 잘되지 않으며 혈관이 확장돼 있어 피부가 번들거리고 모공이 넓은 경우가 많습니다. 특히 티존(T-zone) 부위의 피지 과다로 세균에 감염되기 쉬우며, 모공 속에 피지가 쌓이게 되므로 여드름이 잘 생깁니다.

이처럼 지성피부의 가장 큰 특징은 과다한 피지인데, 피지분비는 주로 호르몬이 조절합니다. 일반적으로 사춘기 때 피지 생성을 자극하는 남성 호르몬이 분비되기 시작하면서 피지분비가 활발해집니다.

지성피부에 좋은 영양소

지성피부는 호르몬 대사로 인한 경우도 있지만 비타민 B, B2, B6, C의 부족 또는 당질, 지방성 음식, 향신료, 기호식품의 과다 섭취로 인해 생기기도 합니다. 그러므로 비타민 함유식품을 충분히 섭취하고 피지샘을 자극하는 음식을 피하는 것이 좋습니다. 식사 일기를 작성해 원인이 될 수 있는 음식을 파악하여 이를 피하는 것도 좋습니다.

비타민B6는 피지분비를 조절해요

비타민B6는 표피의 원재료가 되는 케라틴을 만들고 피지분비를 조절합니다. 특히 바나나는 비타민도 풍부하고 식물성기름이 없어, 유분을 조절해 지성피부를 관리하는 데 효과적입니다. 또한 피부에 수분도 공급하므로 여러모로 지성피부에 좋은 과일입니다.

유제품에는 미용에 좋은 비타민B2가 풍부해요

비타민B2는 '미용 비타민'이라고 불리기도 하는데, 몸 전체의 기능을 순조롭게 해 피부를 생기 있게 만들고 혈액순환을 돕습니다. 또한 성장과 세포 재생을 돕는 촉매역할을 하므로 건강한 피부와 손발톱, 머리털을 만듭니다. 비타민B2는 육류, 닭고기, 생선 등의 동물성식품과 간, 달걀, 그리고 우유나 치즈 등 유제품에 특히 많이 함유되어 있습니다.

탄닌은 모공 수축에 효과가 있어요

탄닌은 과일 또는 야채의 떫은맛을 내는 성분인데, 모공 수축에 큰 효과가 있으며 피부에 탄력을 줍니다. 감, 포도 껍질, 밤의 속껍질, 녹차 등에 많이 들어 있습니다.

∨ 이런 음식은 피하세요

인스턴트식품 인스턴트식품은 화학조미료가 첨가되어 있을 뿐만 아니라, 영양 성분이 파괴된 채 냉동으로 가공되기 때문에 호르몬 불균형을 초래하고, 따라서 지성피부를 관리하기 어렵습니다.

포화지방이 많은 육류 포화지방이 많은 음식은 혈관 내 노폐물 축적을 부추겨 혈액순환과 지방대사를 방해합니다. 따라서 육류나 튀김류의 과다 섭취는 피하는 것이 좋습니다.

기니상 뭉고 (필리핀식 녹두수프)

필리핀의 서민음식으로 유명한 기니상 뭉고는 녹두볶음 요리(Sauteed Mung Bean)로 알려져 있습니다. 필리핀에서 금요일과 주말에 온 가족이 함께 먹는 전형적인 음식으로서 녹색채소인 시금치와 적색채소인 가지 등을 이용해 만듭니다. 주로 튀긴 생선요리, 흰 쌀밥과 함께 먹습니다. 전통적으로 녹두, 돼지고기, 새우, 피쉬 소스를 사용해서 만드는데, 여기서는 지성피부에 좋은 재료인 닭과 녹두로 만드는 방법을 소개합니다.

▌재료 소개 | 2인분 기준

녹두 1컵, 물 8컵, 닭가슴살 1개, 올리브유 3큰술,
간장 3큰술, 다진 마늘 1.5큰술, 양파 1/2개,
붉은 근대 50g, 소금·후추 약간씩

▌조리법

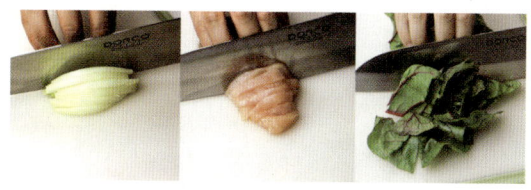

1 녹두는 찬물에 미리 담가 불려놓는다.
2 양파는 얇게 채썰고, 닭가슴살과 붉은 근대는 먹기 좋게 자른다.

3 찬물에 불린 녹두를 물 8컵 정도와 함께 냄비에 붓고 센불로 끓인다. 끓기 시작하면 약한불로 줄인 다음 위에 뜬 것을 건져낸다. 녹두를 건져내고 남은 물은 냄비째 보관한다.

4 달군 팬에 식용유를 두르고 다진 마늘, 양파를 넣어 양파가 익을 때까지 볶는다.

5 잘라둔 닭가슴살을 간장, 후추로 간한 다음 고기가 익을 때까지 약한불로 익힌 뒤, 녹두를 넣고 계속 저으면서 볶는다.

6 볶은 야채와 고기를 녹두물에 넣고 끓인다. 잘라둔 붉은 근대를 넣고 소금, 후추로 간한 뒤 1분 정도 더 익힌 다음 불을 끈다.

도움말

1. 녹두를 끓일 때 너무 오래 익히면 안 돼요. 녹두를 오래 끓이면 알맹이가 으깨져 음식이 맛있어 보이지 않는답니다.
2. 닭고기 대신 삼겹살이나 말린 새우, 말린 생선을 사용해도 맛있어요.
3. 청양고추를 사용하면 더욱 매콤한 맛을 즐길 수 있어요.

장충동 '대장금'

장충동에 위치한 '대장금'은 한식 세계화에 앞장서는 한정식 전문점입니다. 20년 전 '토방'이라는 상호로 시작했지만 MBC와 라이센스 계약 후 상호를 '대장금'으로 변경했습니다. 전라도 부안 지방의 음식을 기본으로 전국 팔도 요리를 선보이며, 직접 만든 천연조미료를 사용해 맛을 냅니다. 드라마 〈대장금〉의 인기로 외국인 손님이 많으며, 한국의 정서를 잘 살릴 수 있는 황토색을 사용해 인테리어에서 따뜻한 느낌이 묻어납니다. 또한 입구에 들어서면 정원에 갖가지 장과 제철에 맞는 마른 식재료, 직접 담근 식초가 담긴 항아리 등을 볼 수 있습니다. 상견례, 모임 등의 장소로도 많이 찾는 곳으로 각종 행사 때 대장금에서 고급스러운 한정식을 드셔보세요.

1

요리 경연대회에서 대상을 받은 '약선 닭'은 20가지가 넘는 약재로 육수를 만든다. 닭의 독소를 잡아주는 통 녹두와 찹쌀, 혈액순환을 도와 어혈을 풀어주는 녹각, 인삼, 대추 등이 들어간 보양식이다.

1. 대장금의 일품요리
2. 깔끔하고 한국적인 내부
3. 대장금의 또다른 이름

2

대표 음식 약선 녹두 닭
가격 13,000원
토방 정식 47,300(1인 기준)
영업시간 11:30~22:00
(휴식시간 15:00~17:00)
휴무 명절, 일요일
위치 서울시 중구 장충동2가 200-82
전화번호 02-2233-3113
주차 가능(주차대행료 2,000원)
팁 입구에서 장, 식초, 발효액 등이 담긴 장독대를 볼 수 있다. 김인숙 대표는 한식이 새로워져야 하지 않겠느냐는 물음에 "잊혀진 옛음식을 찾아 그 원형을 복원하는 것만으로도 얼마든지 새롭게 느낄 수 있다"라고 전한다.

3

▶ check
우리 동네 맛집 찾기

창천동
송아저씨빈대떡
(녹두전)

당주동
깡장집
(녹두전)

인사동
아름다운차박물관
(녹차빙수)

내수동
위치스테이블
(키위 바나나 주스)

공평동
열차집
(빈대떡)

신당동
만또막국수
(접시 빈대떡)

당주동
초원
(녹두죽)

서소문동
유림면
(메밀국수)

장충동
대장금
(약선 녹두 닭)

한남동
페코티홈
(밀크티빙수)

푸석푸석,
피부에 가뭄이~

피부가 건조해지는 원인

건성피부는 기본적으로 피지분비가 적고 모공 크기가 작습니다. 따라서 수분과 피지가 부족해 세안 후 얼굴이 당기며, 외부 자극에 민감합니다. 이런 상태가 오래 지속되면 피부 표면에 각질이 생기거나 조기 노화로 탄력이 떨어져 피부에 주름이 많이 생깁니다. 면역기능이 약한 아토피나 알레르기 등의 증상이 있는 사람도 건성피부인 경우가 많습니다. 이는 혈관이 정상인보다 자주 수축하고 팽창하면서 열이 발생하고, 이로 인해 탈수 현상이 증가하기 때문입니다.

건성피부를 예방하려면 피부조직의 신진대사를 활발하게 하는 것이 중요합니다. 또한 동물성단백질과 식물성지방, 수분이 풍부한 야채와 과일을 많이 섭취하는 것이 좋습니다.

건성피부에 좋은 영양소

건성피부는 혈액순환기능이 떨어지거나 피지분비량과 수분이 적어 피부의 노화를 촉진합니다. 따라서 건성피부를 예방하려면 수분 증발을 방지하는 지방함유식품과 단백질식품을 충분히 섭취해야 합니다. 또한 피부조직의 혈액순환을 원활하게 해주는 비타민 B와 E, 그리고 각질화 예방에 탁월한 비타민A 함유식품을 섭취하는 게 좋습니다.

콩은 수분을 지켜줘요

콩에 함유된 아미노산은 콜라겐을 활성화해 주름을 예방하며, 피부의 수분보유력과 탄력을 높여줍니다. 또한 에스트로겐과 기능이 비슷한 이소플라본이 피부를 보호하고 피부당김 현상을 줄입니다. 비타민과 불포화지방산은 손상된 피부 조직을 빠른 속도로 회복시킵니다.

여자의 과일, 석류를 많이 드세요

여성성을 상징하는 과일인 석류에는 에스트라이올과 에스트론 등 항산화작용을 하는 에스트로겐 계열의 여성 호르몬이 1kg당 10~18mg이나 들어 있습니다. 석류 씨에서 추출한 오일은 비타민 A, C, E와 철분이 들어 있어 활성산소로부터 피부를 보호해줍니다. 또한 석류 과육에서 얻은 추출물은 피부의 수분 감소를 막아줍니다.

당근은 거칠어진 피부를 회복하는 데 좋아요

당근에는 비타민A가 풍부하게 들어 있어 거칠어진 피부의 회복을 돕습니다. 따라서 평소에 꾸준히 섭취하는 것이 좋습니다.

오트밀은 건조한 피부에 수분과 영양을 공급해요

오트밀은 건조한 피부에 영양을 공급하고 보습을 더해주는 효능이 있습니다. 또한 비타민과 미네랄이 풍부하기 때문에 피부에 윤기가 돌게 하고, 촉촉한 피부를 만드는 데 도움이 됩니다.

∨ 이런 음식은 피하세요

인스턴트식품 인스턴트식품은 화학조미료가 들어 있을 뿐만 아니라, 영양 성분이 파괴된 채 냉동으로 가공되기 때문에 호르몬 불균형을 초래합니다. 에스트로겐이나 남성 호르몬의 분비가 억제되면 지방층이 얇아지고 피지 생성이 줄어 건성피부를 관리하기 어려워집니다.

과도한 염분이 함유된 식품 염분을 과도하게 섭취하면 혈액의 염분 농도가 짙어지고, 우리 몸은 농도를 맞추기 위해 수분흡수량을 늘리므로 결과적으로 피부에 수분기가 줄어듭니다. 따라서 피부가 푸석해지고 각질이 발달할 수 있습니다.

인절미 떡갈비 쌈밥

피부가 건성인 사람들은 수분과 피지가 부족해 세안 후 얼굴이 당기며, 외부 자극에 민감하고 주름이 잘 생깁니다. 따라서 건성피부를 예방하려면 수분 증발을 방지하는 지방함유식품과 단백질식품을 충분하게 섭취해야 합니다. 된장에 함유된 아미노산은 피부의 수분보유력과 탄력을 높여줍니다. 또한 에스트로겐과 기능이 비슷한 이소플라본이 피부를 보호하고 피부당김 현상을 줄여줍니다. 건성피부에 좋은 대표적 단백질식품, 소고기와 된장을 이용한 '인절미 떡갈비 쌈밥'을 소개합니다.

■ 재료 소개 | 2인분 기준

밥 한 공기, 영양부추 10g, 상추 6장,
다진 소고기(갈비살) 250g, 인절미 떡 100g

양념 간장 1큰술, 청주 1/2큰술, 다진 마늘 1/2큰술,
찹쌀가루 1큰술, 소금 1/2큰술, 참기름·후추 약간씩

쌈장 작은 양파 1/4개, 청양고추 1개, 참기름 1큰술,
된장 1큰술, 다진 마늘 약간

■ 조리법

1 끓는 물에 소금을 약간 넣은 다음 영양부추를 살짝 데치고, 인
절미는 한 입 크기로 썬다.

2 그릇에 간장, 청주, 다진 마늘, 소금을 넣는다.

3 후추, 참기름도 섞어 양념을 만든 다음 다진 소고기, 찹쌀가루
와 함께 잘 버무린다. 끈기가 생길 때까지 힘차게 오래 치댄다.

4 고기를 넓게 펴서 가운데 부분을 손으로 살짝 눌러 움푹 들어
가게 한 다음, 썰어놓은 인절미를 넣고 고기로 완전히 감싼다.

5 (쌈장) 양파, 청양고추를 잘게 다진다.

6 된장과 다진 양파를 잘 섞는다.

7 다진 마늘, 다진 고추, 참기름을 넣고 잘 섞어 쌈장을 만든다.

8 달군 팬에 참기름을 두르고 떡갈비를 굽는다.

9 상추 위에 밥을 1큰술 올리고, 데친 영양부추로 잘 묶어준다.

10 준비해둔 접시에 쌈밥과 떡갈비를 올린다.

도움말 _ 고기 누린내 없애기

신선한 소고기에도 특유의 냄새가 나는데, 냄새에 민감한 분들은 싫을 수 있습니다. 누린내가 안 나게 하려면 어떻게 해야 할까요? 먼저 고기에서 기름기를 떼어내고 찬물에 담가 핏물을 완전히 빼야 합니다. 덩어리 고기는 찬물에 담가 중간중간 물을 갈아주고, 얇게 저민 고기나 다진 고기는 종이타월로 눌러 핏물을 빼냅니다. 아울러 고기를 재울 때 청주를 뿌려 밑간을 해두면 남은 누린내를 없앨 수 있어요.

 # '소고기'와 '쇠고기'의 차이점

'소고기 무국'과 '쇠고기 무국'처럼 같은 메뉴인 것 같은데 이름이 다른 경우가 있습니다. 이럴 때 무엇이 맞는 말인지 궁금하셨죠? 예전에는 쇠고기만 표준어로 인정하고, 소고기는 방언으로 취급하였습니다. 그러다 사람들 사이에서 소고기란 표현이 보편화된 현실을 감안하여 1988년에 개정된 맞춤법에서 복수 표준어로서 쇠고기, 소고기를 둘 다 인정하였습니다.

"'쇠고기'는 '쇠'는 '소+ㅣ'로 분석할 수 있습니다. 옛말에서 'ㅣ'는 현대의 '의'에 해당하는 말입니다. 따라서 '쇠'는 '소의'라는 뜻이고 쇠고기, 쇠가죽, 쇠기름 등은 소의 고기, 소의 가죽, 소의 기름과 같은 의미의 말임을 알 수 있습니다. 그런데 명사 '소'에 '고기', '가죽', '기름' 등을 직접 결합한 형태가 널리 쓰이게 되었습니다. '쇠고기'와 '소고기'가 모두 널리 쓰이는 형태일 뿐더러, 각각의 발음 차이를 합당한 이론으로 설명할 수 있습니다. 이러한 점을 인정하여 《표준어》 제18항에서는 '쇠-'의 형태를 원칙으로 하되 '소-'의 형태도 허용함으로써 둘 다 표준어로 규정합니다."

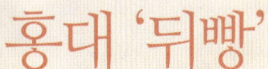

홍대 '뒤빵'

홍대에 위치한 '뒤빵'은 홈메이드 음식을 맛볼 수 있는 편안한 공간입니다. '뒤빵'이라는 상호는 옷가게 뒤에 위치한 뒷방이라는 뜻과 갓 구운 신선한 빵을 먹을 수 있는 곳이기도 해서 빵을 강조한 것이라고 합니다.

'뒤빵'의 김도형 대표는 매일 아침 신선한 재료로 모든 음식을 직접 만듭니다. 직접 고기를 갈아 반죽해 만드는 '반숙 함박 스테이크', 그리고 달걀프라이와 스팸 두 조각이 올라간 밥에 간장 소스를 넣어 비벼 먹는 '스팸계란밥'이 대표 메뉴입니다. 식전에 제공되는 빵은 밀가루, 물, 소금, 올리브유만으로 파니니 반죽을 해 담백하게 구워내기 때문에 부드럽고 쫄깃합니다. 전체적으로 원목과 원색을 사용한 내부는 아기자기한 곰 인형과 소품이 조화를 이뤄 캐주얼하면서도 편안한 분위기를 연출합니다.

대표 음식 반숙 함박 스테이크
가격 10,000원
영업시간 11:30~24:00
(마지막 주문 22:00)
휴무 월요일
위치 서울시 마포구 서교동 339-3번지
전화번호 02-336-3613
주차 불가능
팁 저녁에는 와인이나 사케를 즐기기도 좋은 곳. 맛있는 메뉴와 와인을 같이 먹을 수 있는 세트도 있다.

집에서 만든 것처럼 소고기를 잔뜩 넣은 스테이크에 양파 소스가 적절히 어우러져 풍미가 좋다. 함박 스테이크와 반숙프라이, 웨지쓰감자가 같이 나오며, 밥과 빵을 선택할 수 있다.

뒤빵의 분위기를 잘 나타내는 입구와 그림들

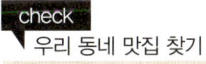
우리 동네 맛집 찾기

서교동
뒤빵
(반숙 함박 스테이크)

서교동
카카오봄
(초콜릿)

연희동
조은집
(떡갈비)

명륜동
더밥
(떡갈비)

낙원동
북역272
(떡갈비 스테이크)

신당동
다채
(불고기 쌈밥 정식)

명동
누룩플러스
(숙종의 떡갈비)

태평로
레더라
(스위스 초콜릿)

반포동
맘
(석쇠 불고기 샐러드)

대치동
피양콩할마니
(콩국수)

아기처럼 뽀얀 피부를 갖고 싶어~

하얀 피부 갖는 법

하얗고 뽀얀 피부는 모든 여성들의 로망입니다. 여성들은 대부분 검은 피부보다 흰 피부를 선호하는데, 여성스럽고 어려보이며 미인의 상징이라고 생각하기 때문입니다. 날이 갈수록 미백에 대한 관심이 높아지는 것이 사실이지만, 하얀 피부를 갖기까지는 많은 노력이 필요합니다. 게다가 최근에는 직장생활과 야외활동 증가로 유해 자외선에 오래 노출되는 경우가 많습니다. 이로 인해 피부 홍반과 흑화, 색소침착, 광노화, 피부암 등이 증가하고 있으며, 피부건강뿐만 아니라 미적 측면에서도 크게 영향을 받고 있습니다. 또한 환경오염과 바쁜 현대생활로 스트레스가 증가하면서 활성산소가 발생해 노화와 색소침착의 원인이 되고 있습니다.

피부색은 유전적 요인으로 결정되는 경우가 많지만, 후천적 요인에 의해 달라지기도 합니다. 후천적 요인으로는 자외선을 들 수 있습니다. 자외선은 피부의 검은 색소인 멜라닌을 많이 형성합니다. 따라서 피부를 건강하고 투명하게 가꾸려면 색소침착의 원인이 되는 자외선을 차단하고, 미백에 도움을 주는 비타민을 충분히 섭취하는 것이 좋습니다. 또한 스트레스나 알코올도 영향을 미치므로 조심해야 합니다.

미백에 좋은 영양소

피부가 맑고 투명해지려면 비타민 섭취가 가장 중요하며, 콜레스테롤은 혈관노화를 일으키기 때문에 피해야 합니다.

폴리페놀은 멜라닌 생성을 억제해요

폴리페놀은 멜라닌 생성에 관계하는 효소, 티로시나아제의 활성을 저해합니다. 또한 활성산소로 인한 멜라닌 세포의 과잉 증진을 억제합니다. 폴리페놀이 함유된 식품으로는 녹차, 포도씨, 카카오, 사과 등이 있습니다.

비타민C를 충분히 섭취하세요

비타민C는 항산화기능이 탁월해 스트레스와 자외선 때문에 발생하는 유해산소로부터 피부를 보호합니다. 아울러 멜라닌 생성을 억제해 기미나 주근깨를 예방합니다. 또한 피부저항력을 강화시키므로 피부트러블이 쉽게 일어나는 사람에게 좋으며, 얼굴이 쉽게 붉어지는 것을 막아주기도 합니다. 비타민C가 많이 들어 있는 식품으로는 망고, 피망, 풋고추, 양배추, 키위, 오렌지, 딸기, 감자 등이 있습니다.

시스테인이 풍부한 블랙푸드를 많이 드세요

손, 발톱, 피부, 모발의 구성 성분인 시스테인은 피부의 탄력을 유지하는 데 필요합니다. 또한 혈액순환에도 좋으며 항산화비타민을 보조하는 역할을 합니다. 마늘과 검은콩 등 블랙푸드에 많이 들어 있습니다.

∨ 이런 음식은 피하세요

동물성지방 동물성지방을 많이 섭취하면 혈관에 콜레스테롤이 쌓여 혈관을 노화시키고 혈액순환에도 좋지 않습니다. 또한 남성 호르몬의 분비가 정상인보다 많아져 피지가 과도하게 분비되므로 여드름이 나거나 기타 피부질환을 일으킬 수 있습니다.

인스턴트식품 인스턴트식품에는 방부제, 색소, 향료 등 수백 가지의 첨가물이 들어 있습니다. 이런 첨가물은 장에서 흡수되어 온몸을 순환합니다. 일부는 외부로 배출되지만 특정 화학물질은 잘 배출되지 않고 우리 몸에 안 좋은 영향을 끼칩니다.

화이트와인 포도 젤리

여성들이 와인을 좋아하는 이유는 무엇일까요? 알코올이 적어서일까요? 와인의 섬세한 맛과 향을 여성이 더 잘 감지하기 때문일까요? 여러 가지 이유가 있겠지만, '마시는 화장품'이라 불릴 정도로 피부미용에 좋기 때문입니다. 와인은 피부의 기미, 주름, 처짐 현상을 막아줍니다. 특히 와인에 함유된 폴리페놀 성분은 피부노화에 놀라운 효과를 발휘합니다. 얼굴의 잡티는 자외선의 영향으로 발생하는 활성산소 때문에 피부가 산화되어 생긴 트러블이라고 할 수 있습니다. 그런데 와인에 들어 있는 폴리페놀 성분이 활성산소를 파괴하는 역할을 합니다. 그 결과 피부의 신진대사가 활발해져 피부가 뽀얗게 됩니다. 그럼 와인을 이용한 젤리를 만들어볼까요?

재료 소개 | 2인분 기준

씨 없는 포도 100g, 오렌지 1/4개, 화이트와인 150ml
설탕 20g, 판 젤라틴 2장, 포도주스 150ml

조리법

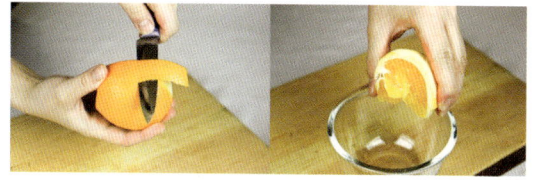

1 오렌지 껍질을 벗겨 주스를 짜둔다.

2 오렌지 껍질과 화이트와인을 넣고 끓인다. 끓기 시작하면 설
  탕을 넣고 설탕이 녹을 때까지 저어준다.

3 판 젤라틴을 찬물에 넣고 불린 다음, 화이트와인에 넣어 잘 섞
  고 포도주스와 오렌지주스를 넣어 미지근해질 때까지 식힌다.

4 포도를 반으로 잘라 컵에 넣은 뒤 젤리 믹스를 부어서 채워
  주고, 젤리가 굳을 때까지 4시간 동안 냉장 보관한다.

서양의 만병통치약 '와인'

포도나무는 겨울에는 죽은 듯이 보이다가도 봄이 되면 기적 같이 다시 살아납니다. 포도는 기원전 1500년경부터 대규모로 재배되었으며,
이때부터 와인도 만들어졌습니다. 그리스인들은 와인에 꿀을 타서 마셨습니다. 사기로 된 병에 와인을 담은 다음 와인이 새지 않도록 송진
을 발라 보관했다고 합니다. 기원전 5세기경 히포크라테스는 와인이 살균작용과 이뇨작용을 하고, 열을 내리고 빠른 회복을 도와준다며
와인의 약효를 예찬했습니다. 11세기경에는 와인에 설탕과 향료를 넣어 끓인 다음 약으로 사용했다고 합니다.

레드와인, 화이트와인이 되다!

미국의 유명한 요리 과학자 해롤드 맥기에 따르면, 로마시대에 레드와인을 화이트와인으로 바꾸는 레시피가 있었다고 합니다. '거친 밀가
루 또는 달걀흰자 3개를 플라스크에 넣고 오랫동안 저은 뒤 하루가 지나면 화이트와인이 된다고 합니다. 이는 달걀흰자가 알칼리성 물질이
어서, 와인의 색깔을 변화시키기 때문입니다. 그러나 해롤드가 달걀흰자로 실제 실험해본 결과 화이트와인이라기보다는 약간 찜찜한 회색
와인이 되었다고 합니다.

명동 '비꼴로'

명동의 한 골목길에 위치한 이탈리안 레스토랑 '비꼴로'. '비꼴로'는 이탈리아어로 '골목길'을 뜻하는데 항상 사람들로 북적이는 명동에 있다는 게 무색할 정도로 한적한 골목에 자리 잡은 숨은 맛집입니다. 10년 동안 외식업에 종사하던 최창진 대표는 이탈리아 요리의 매력에 빠져 재료 본연의 맛이 살아 있는 이탈리아 음식을 선보이고자 2007년 명동에 문을 열었습니다. 검은 돌 담벽 뒤 계단을 통해 들어서면 고급스럽고 빈티지한 분위기와 개방된 주방이 먼저 반깁니다.

스테이크, 파스타, 피자 등의 메뉴와 와인을 곁들여 먹을 수 있는 '비꼴로'에서 행복한 추억을 만들어보세요.

Vicolo

CAFFETTERIA

명동10길
Myeongdong 10-gil
7-3

Vicolo style

- 신선하고 좋은 식재료 재료의 맛을 최대한 살린 담백한요리

- 마리네이드 없이 고기의 풍미를 그대로 드러낸 최상급 스테이크

- Specialty bean을 Vicolo에서 직접 로스팅하여 배전후 10일 이내의 원두만을 사용한 커피

- 가격대비 품질이 우수한 소수의 이태리 와이너리만으로 전문성을 갖춘 와인

Vicolo menu

Caffe'	4.0~5.0
Vino(wine)	80~
Steak	36.0~
Pizza	13.0~
Pasta	13.0~

Biz hour AM 11:30~PM11
Every Sunday is holiday

대표 음식 와인
가격 1병 38,000원~ / 1잔 8,000원
영업시간 11:30~23:00 (마지막 주문 21:30)
휴무 일요일
위치 서울시 중구 명동2가 2-6
전화번호 02-756-0908
주차 불가능
팁 1층은 와인바와 카페, 2층은 다이닝과 레스토랑으로 운영된다.
건물 안에 숨은 공간이 있어 특별한 추억을 만들기 좋다.

외관과 내부 모습

check
우리 동네 맛집 찾기

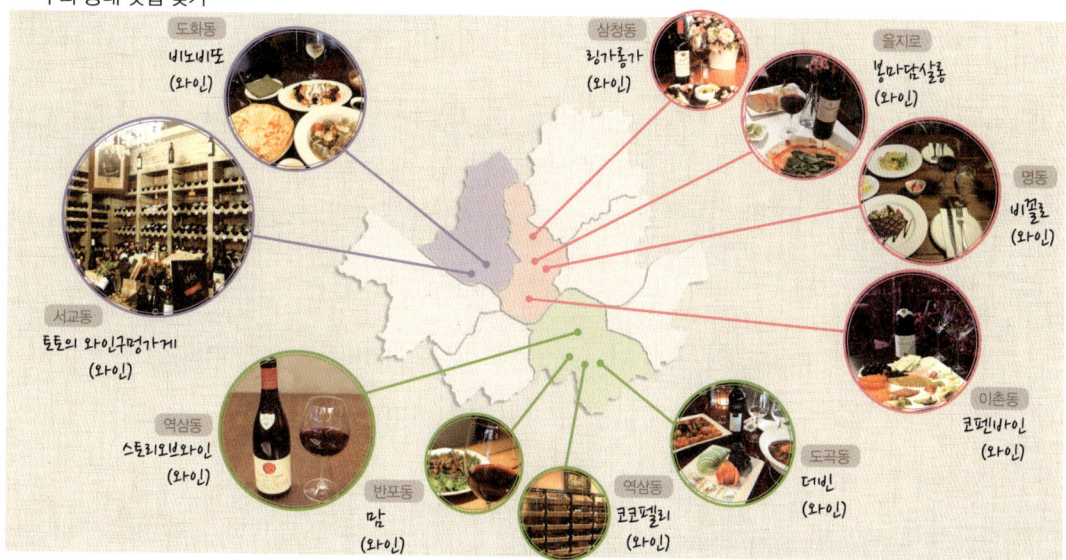

도화동
비노비또
(와인)

삼청동
링가롱가
(와인)

을지로
봉마담살롱
(와인)

명동
비꼴로
(와인)

서교동
토토의 와인구멍가게
(와인)

역삼동
스토리오브와인
(와인)

반포동
맘
(와인)

역삼동
코코펠리
(와인)

도곡동
더빈
(와인)

이촌동
코펀바인
(와인)

얼굴에 거뭇한 얼룩이 하나둘~

기미가 생기는 원인

여성이라면 누구나 꿈꾸는 잡티 없는 피부! 백옥 같은 피부를 가진 연예인은 늘 선망의 대상입니다. 여드름, 다크서클, 주름 등 피부의 적은 많지만, 그중에서도 기미는 얼굴을 전체적으로 칙칙하고 지저분하게 만들어 더 늙어보이게 합니다. 자외선을 받으면 멜라닌이 피부 표면으로 움직여 피부색이 짙어지는데, 이 과정에서 이상이 생기면 과잉 색소침착이 일어나 기미가 됩니다.

기미는 남성보다는 여성에게 훨씬 흔하며, 주로 출산기 여성에게 많이 발생합니다. 자외선의 영향을 크게 받으므로 여름에 더 악화되며, 반대로 겨울에는 호전되는 양상을 보입니다. 기미를 예방하려면 자외선으로부터 피부를 보호하고 멜라닌 생성을 억제하는 영양소를 섭취하는 것이 중요합니다.

기미에 좋은 영양소

기미를 예방하는 데 필요한 영양소는 유해산소로부터 피부를 보호해주는 비타민C, 비타민E, 아스타크산틴입니다. 그러나 기미는 단기 치료보다는 지속적으로 예방하는 것이 훨씬 중요합니다.

비타민E는 유해물질을 차단해요

피부세포가 자외선으로 손상되면, 피부의 본래 기능이 저하됩니다. 비타민E는 자외선에 의한 피부 속 지질의 과산화를 억제하고 DNA 손상을 방지합니다. 또한 강력한 항산화물질로서, 자외선 때문에 생기는 유해물질(활성산소)을 차단합니다. 콩, 옥수수, 해바라기씨, 목화씨 등에 함유된 식물성기름에 많이 들어 있습니다.

아스타크산틴이 풍부한 게, 새우, 연어는 피부미용에 좋아요

아스타크산틴은 천연 카로티노이드의 일종으로 체내에서 비타민A로 변하며 항산화기능이 강력합니다. 또한 진피세포를 자극해 콜라겐, 엘라스틴 등의 생성을 촉진하므로 피부미용에 상당한 효과가 있습니다. 게, 크릴새우, 연어 등에 많이 들어 있습니다.

비타민C는 멜라닌 생성을 억제해요

비타민C는 탁월한 항산화기능이 있어 스트레스와 자외선 때문에 발생하는 유해산소로부터 피부를 보호합니다. 또한 멜라닌 생성을 억제하므로 기미나 주근깨가 생기는 것을 막아줍니다. 피부저항력을 강화시키기 때문에 피부트러블이 쉽게 일어나는 사람에게 좋으며, 얼굴이 쉽게 붉어지는 것을 막아줍니다.
비타민C가 많이 들어 있는 식품으로는 망고, 피망, 풋고추, 양배추, 키위, 오렌지, 레몬, 딸기, 감자 등이 있습니다.

∨ 이런 음식은 피하세요

인스턴트식품이나 육류, 밀가루 등의 산성 음식은 멜라닌 생성 효소를 활성화시켜 잡티를 유발합니다. 인공감미료나 방부제, 강한 향신료가 첨가된 식품도 마찬가지입니다. 이러한 식품을 자주 먹으면 피부 자체의 면역력이 떨어져 자외선에 민감해지므로 기미가 더 많이 생길 수 있습니다.

망고-키위 렐리시를 곁들인
꿀 간장 연어구이

연어는 자외선에 의한 홍반과 멜라닌의 생성을 억제하여 기미를 예방하고 깨끗하고 흰 피부를 유지해줍니다. 또한 연어에 있는 붉은 색소인 아스타크산틴은 항산화기능이 있어 피부노화를 예방합니다. 꿀 간장으로 양념해서 구운 연어에 상큼한 망고, 키위가 곁들여진 메뉴를 소개합니다.

▎재료 소개 ▎2인분 기준

연어 연어 300g, 꿀 1큰술, 간장 1큰술, 올리브유 1/2큰술,
소금·후추·식용유 약간

렐리시 망고 25g, 키위 25g, 생 파슬리 10g,
오렌지주스 50ml

▎조리법

1 그릇에 꿀, 간장, 올리브유를 섞는다.

2 소금과 후추도 넣어 잘 섞은 다음, 연어를 10분 동안 재워
둔다.

3 망고와 키위는 작게 자르고, 파슬리는 잘게 다져준다.

4 달군 팬에 식용유를 두르고 양념에 재운 연어를 올려놓는다.
연어가 익을 때까지 양면을 5분씩 굽는다.

5 (렐리시) 연어가 익을 동안 그릇에 망고와 키위를 담는다.

5 오렌지주스, 다진 파슬리를 넣고 섞은 다음, 연어가 다 익으면
그 위에 올려 마무리한다.

홍대 '토토의 와인구멍가게'

유럽의 작은 오두막을 연상케 하는 '토토의 와인구멍
가게'. 상호인 '토토'는 이곳의 마스코트인 강아지 이름
에서 따왔습니다. 맹인 안내견으로 잘 알려진 골든 리
트리버 '토토'와 토토의 2세 '쭌'이 늘 이곳을 지키며
손님들을 반깁니다. '토토의 와인구멍가게'는 2007년
8월에 문을 연 이후 꾸준히 단골을 유지하고 있으며,
입소문이 끊이지 않습니다. 250가지가 넘는 세계 각
국의 다양한 와인을 보유하고 있으며, 소믈리에가 개
인의 취향에 맞게 골라준 와인과 함께 요리를 즐길 수
있다는 특징이 있습니다.

인기 메뉴인 '서로인 스테이크'는 강 대표가 직접 우시
장에서 공수해오는 최상급 한우로 만듭니다. 달콤한
홍초 소스와 아보카도 매쉬가 꽃등심 스테이크와 조
화를 이루며, 구운 야채가 사이드 메뉴로 제공됩니다.

대표 음식 연어 스테이크
가격 25,000원
영업시간 12:00~02:00
휴무 명절 당일
위치 서울 마포구 서교동 401-6
전화번호 02-335-1556
주차 불가능
팁 와인 리스트가 따로 없다. 소믈리에인 쉐프와
함께 마음에 드는 와인을 고를 수 있다. 현금으로
계산하면 5% 할인.

부드러운 연어 스테이크에 곁들여
먹을 수 있는 샐러드가 푸짐하게
나온다.

check
우리 동네 맛십 찾기

상수동
르뺑띠푸
(레몬 생강 젤라또)

대신동
로드샌드위치
(연어 샌드위치)

동숭동
모네테볼루스
(레모네이드)

양재동
더스테이크하우스
(연어 스테이크)

서교동
토토의 와인구멍가게
(연어 스테이크)

신사동
냉교초동볼리
(연어 사시미 덮밥)

여의도동
폴
(빠야송 오 쏘몽 퓨메)

이촌동
초록바구니
(망고 푸딩)

한남동
카페눌
(레몬티)

역삼동
갓덴스시
(구운 연어 스시)

내 얼굴은 왜
만년 사춘기냐고~

여드름의 원인

전 국민의 85% 정도가 한 번쯤 겪는다는 피부 불청객, 여드름. 여드름은 주로 사춘기에 시작되어 남자는 15세와 19세 사이에, 여자는 14세와 16세 사이에 왕성하게 나타납니다. 이 중 80% 정도는 20대 중반쯤 되면 없어집니다.

여드름은 사춘기에 남성 호르몬의 과잉으로 피지선의 분비가 왕성해지고 모낭이 막히면서 형성됩니다. 남성보다 여성에게 나타날 확률이 약 3배 더 높은데, 이는 여성의 피부가 남성 호르몬에 좀 더 민감하게 반응하기 때문입니다. 통상적으로 여드름은 사춘기에 나타나지만, 최근에는 성인도 여드름으로 고생하는 경우가 많습니다. 그 이유는 정확하게 밝혀지지 않았지만 스트레스 때문이라고 추정합니다.

여드름에 좋은 영양소

육류, 기름진 음식, 초콜릿, 유제품 등이 여드름에 영향을 미친다는 보고를 둘러싸고 상반된 시각이 있습니다. 어찌됐건 건강을 위해 육류나 인스턴트 위주의 식사는 피하는 것이 좋습니다.

여드름을 예방하려면 채소와 과일, 적절한 곡류를 골고루 섭취하는 것이 중요합니다. 특정 음식을 먹은 후 여드름이 더 생기는 것 같다면 음식 일기를 작성해 원인이 될 수 있는 음식을 파악하여 이를 피하는 것이 좋습니다.

비타민A는 세균에 대한 면역력을 높여줘요

비타민A는 세균에 대한 면역력을 높일 뿐만 아니라 항산화효과가 있어 피부를
보호하고 건강한 피부를 유지하는 데 많은 도움이 됩니다. 특히 비타민A가 많은
상추는 95%가 수분으로 이루어져 있기 때문에 건조한 피부를 더욱 촉촉하게
해줍니다.

비타민C가 풍부한 애호박은 피부에 좋아요

비타민C는 기미와 주근깨 발생을 억제하고 미백에 좋은 영양소로 알려져 있습
니다. 또한 피부를 윤기 있고 탄력 넘치게 해줍니다. 애호박은 비타민C가 풍부해
피부 개선과 여드름 치료에 좋은 효능을 보이며, 볶아서 섭취하면 카로틴의 흡
수율이 높아지므로 피부에 더욱 좋습니다.

비타민E가 풍부한 토마토는 여드름 피부의 기름기를 잡아줘요

비타민E는 강력한 항산화작용을 하며 보습효과가 탁월한 영양소입니다. 겨울철
건조함으로 손상된 피부세포 재생에 효과적이며, 피부를 보호하고 여드름 등으
로 인한 염증을 가라앉히는 데 좋습니다.
특히 토마토는 지성피부와 여드름에 좋은 채소로, 피부의 기름기를 잡아주며
클렌징효과가 뛰어나 팩으로 이용해도 효과적입니다.

√ 이런 음식은 피하세요

맵고 자극적인 음식 맵고 자극이 강한 음식은 위에 영향을 미쳐 내장에 부담을 주고 혈액순환을 촉진시키므로 여드름의 염증을 악
화시킵니다.
커피 카페인이 다량 함유된 커피는 위장에는 물론 피부에도 자극을 주기 때문에 피하는 것이 좋습니다.
단음식 케이크나 초콜릿 등 당분이 많은 음식은 혈당지수를 높이고 피부를 건조하게 하며, 주름과 각질화로 모공을 막아 여드름을
생성합니다. 또한 찹쌀로 만든 음식이나 빵 종류도 피하는 것이 좋습니다.
술 술은 여드름의 원인이 되는 당분이 많이 들어 있고, 피지의 대사를 촉진시키는 비타민B군을 대량으로 소비시키기 때문에 절대 피
해야 할 음식입니다.
패스트푸드 감자튀김이나 햄버거 등의 패스트푸드는 매우 기름지고 소화가 잘 되지 않아 변비의 주 원인이 되며, 피부에도 좋지 않
습니다.

사과 보리 율무 샐러드

여드름 피부에 좋은 사과와 보리, 율무로 만든 샐러드를 소개합니다. 보리는 피지 생성을 촉진하는 호르몬 활동을 억제하고 피부를 건강하게 합니다. 율무는 신진대사를 활발하게 해 변비 때문에 생기는 여드름에 특히 효과적입니다(여드름이 났을 때 율무를 꾸준히 먹으면 효과가 있다고 합니다). 또한 사과에는 피부 저항력을 높이고 여드름 치료에 효과적인 비타민C 성분이 많이 들어 있습니다. 몸에 좋은 보리, 율무, 사과로 만든 '사과 보리 율무 샐러드'. 입 안에서 탱글탱글하게 씹히는 보리와 율무에 아삭하고 달콤한 사과와 요구르트 드레싱의 조화. 사과 보리 율무 샐러드로 여드름을 물리쳐보면 어떨까요?

▌재료 소개 | 2인분 기준

보리 25g(1/4컵), 율무 25g, 플레인 요구르트 50g,
올리브유 1/2큰술, 레몬주스 1큰술, 디종 머스터드 약간,
잣 10g, 호박씨 10g, 사과 1/2개, 민트잎 10g(선택 재료),
어린잎 샐러드 50g, 소금 약간

▌조리법

1 보리, 율무, 물 1컵에 소금을 약간 넣고 끓이다가, 물이 끓으면 약한불로 줄이고 뚜껑을 덮는다. 익을 때까지 15분 정도 끓인 뒤, 물을 버리고 식힌다. 사과를 얇게 썬다.

2 준비한 그릇에 올리브유, 레몬주스, 디종 머스터드, 플레인 요구르트를 넣고 잘 섞어 드레싱을 만든다.

3 준비한 접시에 어린잎 샐러드를 담고, 보리와 율무를 뿌린 다음, 사과를 올린다(민트잎을 함께 넣으면 좋다).

4 잣과 호박씨를 샐러드 위에 뿌리고 드레싱을 얹어 마무리한다.

도움말

사과 부피의 1/4을 공기가 차지한다는 것을 알고 있나요? 사과는 세포와 세포 사이에 공기층이 있습니다. 너무 익은 사과를 먹을 때 푸석푸석한 것은 이 공기층이 줄어들었기 때문입니다. 또한 사과에는 약간의 단맛을 가진 소르비톨이라는 당 알코올이 들어 있습니다. 소르비톨은 소화가 되지 않으므로 사과를 너무 많이 먹으면 뱃속이 더부룩해질 수 있습니다.

인사동 '초정'

조미료를 사용하지 않는 친환경적 음식점

인사동 경인미술관 앞에 위치한 '초정'은 인공조미료를 사용하지 않는 한정식 요리 전문점입니다. 음식점 대표가 조미료 알레르기 증상을 보이기 때문에 조미료 없이 감칠맛 나는 차별화된 한정식 요리를 고집합니다. 음식을 가려 먹어야 하는 환자부터 옛 맛을 그리워하는 어르신들, 건강한 음식을 먹이려는 똑똑한 엄마와 아이들까지 자주 찾는 맛집입니다.

'초정'의 대표 메뉴는 '시래기밥'입니다. 쌀, 보리, 기장쌀, 무청, 들기름을 섞어 앉힌 '시래기밥'에 된장, 해바라기씨, 호박씨, 보리, 견과류가 들어간 씨앗장을 넣고 비벼 먹는 이색 비빔밥은 남녀노소 누구나 즐길 수 있는 대표 웰빙음식입니다.

대표 음식 시래기밥
가격 8,000원
영업시간 11:00~22:00
　　　　　(주말 ~ 21:00)
휴무 명절 당일
위치 서울시 종로구 관훈동 30-15
전화번호 02-730-5657
주차 불가능
팁 인근에 회사가 많기 때문에 점심 시간에 많이 붐빈다! 평일 점심 때는 시래기밥이 7,000원.

비타민C와 칼슘이 들어 있는 시래기밥은 초정에만 있는 씨앗장으로 비벼 먹는 웰빙음식

1. 초정의 대표 메뉴, 시래기밥 2. 된장, 해바라기씨, 호박씨 등으로 만든 씨앗장
3. 향수를 불러일으키는 초정의 외관 4. 푸짐한 시래기밥 정식

check
우리 동네 맛집 찾기

신당동
다채
(청국장 보리 쌈밥)

관훈동
초정
(시래기밥)

혜화동
수수봉
(사라차)

돈의동
진주대박집
(오곡밥)

삼성동
쏘트루
(32곡물 생식 밀크)

이태원동
수지스
(그릭 샐러드)

방배동
마담목단
(오렌지 패션 후르츠)

대치동
정도너츠
(사라 도너츠)

삼성동
아름다운 식탁
(사라 코코콜라)

이태원동
피자리움
(렌치 피자)

피부는 처지고
주름은 늘어나고~

피부노화의 원인

우리 몸은 20대가 지나면 노화가 시작됩니다. 가장 눈에 띄는 곳이 바로 피부입니다. 피부는 보호막인 동시에 아름다움에 직결된 부위라 더 신경이 쓰입니다.

피부노화에는 크게 두 가지 원인이 있습니다. 세월의 흐름에 따라 자연스럽게 일어나는 '내인성' 노화, 그리고 햇볕과 같은 환경적 요인에 오랫동안 노출돼 얼굴, 목, 손 등에 일어나는 '광' 노화입니다. 광 노화는 자외선에 의한 피부 손상이므로 자외선 차단이 매우 중요합니다. 피부노화를 늦추려면 항산화물질이 다량 함유된 음식을 섭취하고, 규칙적인 건강습관을 지키는 것이 중요합니다.

피부탄력에 좋은 영양소

피부노화에는 신체의 산화를 막아주는 항산화물질이 다량 함유된 음식이 좋습니다. 또한 유기산, 비타민C 등의 영양소도 노화방지에 좋습니다.

양파는 피부노화를 방지해요

양파에는 항산화물질과 산소전달체로 작용하는 글루타티온 유도체가 많이 들어 있어 피부노화 방지에 좋습니다. 또한 혈액의 흐름을 정상화시키는 물질이 함유돼 있어 심근경색이나 뇌경색을 예방하는 데 큰 도움을 줍니다. 생으로 먹는 것보다 기름에 튀기거나 볶아먹는 것이 영양소의 체내 흡수율을 높입니다.

마늘의 알리신은 세포 노화를 막아줘요

마늘의 알리신 성분은 세포 노화를 막고 호르몬 분비를 왕성하게 하므로 피부노화를 예방합니다. 알리신은 열에 의해 파괴되므로, 마늘을 굽거나 익히기보다는 생으로 먹는 것이 좋습니다. 단 위장이 약한 사람은 복통을 일으킬 수 있으므로 익혀 먹는 편이 낫습니다.

토마토는 노화 진행을 늦춰요

토마토가 붉은 빛을 띠는 것은 라이코펜이라는 성분 때문입니다. 라이코펜은 노화를 유발하고 DNA를 손상시키는 활성산소의 생성을 억제합니다. 토마토를 기름에 볶아서 먹으면 라이코펜의 흡수율이 높아집니다.

사과식초는 유기산을 보충해줘요

사과식초의 사과산은 유기산의 일종입니다. 유기산은 영양소를 에너지, 탄산가스, 물로 분해합니다. 따라서 유기산이 결핍되면 피로를 느끼고 피부노화에 치명적입니다. 사과식초를 섭취하면 유기산의 항산화작용으로 인해 피부노화 방지에 탁월한 효과를 볼 수 있습니다.

∨ 이런 음식은 피하세요

담배 담배에 들어 있는 유해 화학물질은 피부의 탄력 섬유와 콜라겐을 파괴해 주름을 유발합니다. 또한 피부의 혈관을 손상시키고 산소의 공급을 막으므로 피부노화를 촉진합니다.

술, 커피, 인스턴트식품 카페인이나 알코올을 섭취하면 이뇨작용이 활발해져 수분이 몸 밖으로 배출됩니다. 몸에서 수분이 빠져나가면 피부는 건조해질 수밖에 없습니다. 인스턴트식품에 들어 있는 방부제도 마찬가지입니다. 평소 술이나 커피를 즐긴다면 수분 섭취량을 늘려줘야 합니다. 또한 커피에 함유된 카페인은 잠드는 시간을 늦춰 피부트러블까지 일으킬 수 있습니다.

짠음식 하루 5g 이상 소금을 섭취하면 우리 몸은 염분을 희석하려고 수분을 축적합니다. 이는 뱃살과 부종의 원인이 되며, 셀룰라이트까지 악화시키는 결과로 이어질 수 있습니다.

레드와인 소꼬리 반골찜

콜라겐은 노화를 방지하고 피부탄력에 좋습니다. 그러나 18~19세가 지나면 몸에서 자연적으로 생성되지 않기 때문에 주름살이 생기는 등 노화가 시작된다고 할 수 있습니다. 반골(골반뼈)은 육질이 '질기지만 콜라겐 성분이 많고 단백질, 칼슘, 무기질 등이 풍부한 고영양식품입니다. 또한 레드와인의 레스베라트롤 성분은 유해산소를 제거해 피부를 더욱 탱탱하게 유지해줍니다. 포도씨에 들어 있는 폴리페놀은 기미 제거에도 효과적입니다. 콜라겐이 풍부한 반골과 피부탄력에 좋은 레드와인으로 만든 '레드와인 소꼬리 반골찜'을 소개합니다.

▌재료 소개 ┃ 2인분 기준

소꼬리 1Kg, 밀가루 50g, 올리브유 2큰술, 양파 1/2개,
당근 1개, 대파 1/2개, 샐러리 1개, 토마토 1개, 월계수잎 1개,
레드와인 500ml, 소금·후추 약간씩, 물 1L

▌조리법

1 소꼬리는 미리 찬물에 담가 핏물을 충분히 빼준다. 소꼬리
에 밀가루를 입힌 뒤, 달군 팬에 올리브유를 두르고 굽는다
(밀가루는 안 입혀도 되지만 입혀서 구우면 나중에 찜의 소스가 걸
쭉해진다).

2 당근, 양파, 샐러리, 대파, 토마토를 먹기 좋은 크기로 자른다.

3 소꼬리를 덜어놓고, 당근, 양파, 샐러리, 대파를 넣고 2~3분
정도 잘 볶아준다(너무 익지 않도록 주의한다).

4 소꼬리와 볶은 야채를 잘 섞은 뒤, 레드와인 한 컵을 넣고 센
불로 졸인다.

5 소꼬리가 잠길 정도로 물을 붓고 토마토(또는 토마토 캔 1개)와
월계수잎을 넣은 다음 소금, 후추로 간한 뒤 약한불로 뭉근히
2시간 정도 끓인다.

반골 이야기

반골은 소의 엉덩이뼈를 말하는 것으로 골반골(pelvic bone)의
약칭입니다. 흔히 꼬리와 함께 '반골꼬리'로 포장되어 가게에서
판매되는 부위입니다. 지방이 많고 육질은 질기지만 젤라틴 성
분이 많아 쫄깃쫄깃합니다. 지방을 많이 먹으면 건강에 안 좋기
때문에 조리 시 지방을 제거하는 게 좋습니다. 어린 소의 반골
일수록 국물이 진하게 우러나오고 영양분이 더 많습니다.

충무로 '뚱보통고기'

'뚱보 돼지 갈비 통고기'는 충무로에서 돼지고기 통고기와 껍데기로 유명한 30년 역사의 구이 전문점입니다. '뚱보 통고기'의 손필수 대표는 결혼과 동시에 냉면집을 운영하며 외식업계에 첫발을 내딛었습니다. 처음에는 장사가 잘됐지만 계절을 타는 음식이다 보니 손님이 줄었습니다. 그때 착안한 메뉴가 통고기입니다.

'한국식 스테이크'를 맛보려는 사람들과 인근 직장인들로 인해 가게는 늘 인산인해를 이룹니다. 30년이란 세월의 흔적이 고스란히 간직된 '뚱보 통고기'. 저녁시간에는 직장인들이 빈속에 술을 먹는 것을 고려해 매일 다른 죽을 제공한답니다.

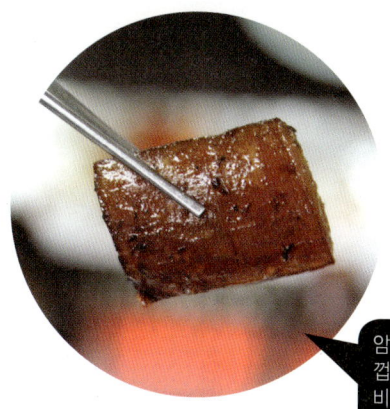

암퇘지 배 부분의 돼지 껍데기만 사용하며, 갈비 소스를 사용해 달콤하면서 쫄깃한 식감을 자랑한다.

대표 음식 돼지껍데기
가격 9,000원
영업시간 12:00~23:00
휴무 일요일
위치 서울시 중구 필동1가 3-19
전화번호 02-2267-1801
주차 불가능
팁 가스불판 옆 호일을 간 자리에도 열이 전도되기 때문에 호일에 김치를 익혀 먹으면 좋다.

편안한 분위기의 외관과 내부 모습

check
우리 동네 맛집 찾기

서소문동
만족오향족발
(오향족발)

충무로
황소집
(도가니탕)

창신동
와글와글족발
(족발)

회기동
회기왕족발보쌈
(족발)

공덕동
공중족발
(족발)

제기동
현고대닭발
(닭발)

필동
뚱보통고기
(돼지껍데기)

한남동
한남북엇국
(닭발 편육)

대치동
외교집설렁탕
(도가니탕)

역삼동
안대가리등갈비
(등갈비)

저승사자도 울고 갈 눈 밑의 그림자

다크서클의 원인

좋은 팩, 좋은 크림을 발라도 없어지지 않는 다크서클. '다크서클'은 눈 밑이 거무스름하게 그늘져 보이는 증상을 통칭하는 말로, 공식 의학용어는 아닙니다. 다크서클이 심한 사람은 아래 눈꺼풀의 지방을 싸고 있는 막이 약해져 볼록 튀어나오게 됩니다.

흔히 다크서클을 피곤할 때 생기는 것으로 알고 있는데, 사실 피곤해서 다크서클이 생기는 것이 아니라 다크서클이 있기 때문에 피곤해보이는 것입니다. 즉 피로는 다크서클이 더 진해지거나 넓어지는 데 영향을 줄 수는 있으나 근본적인 원인은 아닙니다. 또한 다크서클은 눈 밑 지방 때문에 생길 수도 있고, 피하 혈관에 의한 피부 변색, 또는 색소침착으로 발생할 수도 있습니다.

다크서클을 없애려고 레이저 수술이나 지방 제거술 등 시술을 받을 수도 있습니다. 그러나 피부 변색이나 색소침착이 원인이라면 비타민이 풍부한 음식이나 혈액정화에 좋은 음식을 섭취하는 것이 좋습니다.

다크서클 치료에 필요한 영양소

다크서클을 완화시키려면 색소침착을 막는 데 도움이 되는 비타민 A, C, K와 혈액순환 및 정화를 돕는 음식을 섭취하는 것이 좋습니다. 오메가3 지방산 역시 눈가를 환하게 하는 효과가 있으므로 어패류를 자주 섭취하는 것이 좋습니다.

브로콜리는 혈액을 맑게 해요

비타민A가 풍부한 브로콜리는 혈액 내 활성산소를 없애고 혈액을 맑게 하므로
다크서클에 좋습니다.

양배추는 몸의 산화를 막아요

비타민C와 비타민K가 풍부한 대표적 음식인 양배추는 모세혈관을 탄력 있게
해주고 몸의 산화를 방지하기 때문에 다크서클에 좋습니다.

당근은 체내 신진대사를 좋게 해요

피부미용에 좋다고 소문이 난 당근에는 비타민A가 많이 들어 있습니다. 체내 신
진대사를 좋게 해주는 비타민C와 식이섬유, 칼슘 등도 풍부해 다크서클뿐만 아
니라 눈에도 좋습니다.

연어는 혈액순환을 도와요

연어에 들어 있는 아스타크산틴 성분은 혈액순환을 돕습니다. 또한 연어에는 눈
가를 환하게 해주는 오메가3 지방산도 풍부하게 들어 있습니다. 그밖에 생강차
나 녹차도 혈액 내 독소 제거와 혈액순환에 좋습니다.

∨ 이런 음식은 피하세요

지방이 많은 육류 지방이 많은 고기는 눈 밑 지방을 둘러싼 막을 약하게 하므로 다크서클에 좋지 않습니다.

인스턴트음식 인스턴트음식 중에서도 특히 패스트푸드는 먹지 않도록 주의합니다. 또한 과자, 빵, 햄버거도 좋지 않습니다.

돼지고기 양배추 샐러드

다크서클은 종종 비타민K나 항산화물질 부족으로 생깁니다. 이번 요리는 다크서클에 좋은 양배추로 만든 '돼지고기 양배추 샐러드'입니다. 양배추에는 비타민C와 비타민K가 풍부해 다크서클 예방에 좋습니다. 또한 모세혈관을 튼튼하게 하고 몸이 산화되지 않도록 해줍니다.

▌ 재료 소개 | 2인분 기준

돼지고기 250g, 양배추 1/4개, 브로콜리 1개, 치커리 10g,
간장 3큰술, 식초 1큰술, 고추냉이 1큰술, 식용유 1큰술

▌ 조리법

1 돼지고기에 간장, 식초, 고추냉이를 넣어 버무린다.

2 양배추는 얇게 채썰고, 치커리는 한 입 크기로 적당히 썬다.

3 브로콜리는 먹기 좋게 다듬어서 끓는 물에 소금을 약간 넣
고 데친다.

4 달군 팬에 식용유를 두르고 양념해둔 돼지고기를 볶은 다음,
접시에 양배추, 치커리, 브로콜리를 깔고 그 위에 올린다.

도움말

양배추는 올리브, 요구르트와 함께 서양 3대 장수식품 가운데 하나로 꼽히는 슈퍼푸드입니다. 양배추잎 두 장을 먹으면 비타민K는 하루 필
요량의 92%, 비타민C는 하루 필요량의 50%를 충당할 수 있습니다. 또한 양배추에는 식이섬유, 망간, 비타민B6, 엽산, 오메가3 지방산도
풍부하답니다.

신림동 '미림(통통)'

'미림'은 순대볶음으로 유명한 신림동 순대타운의 '백순대' 원조집입니다. 순대볶음 전문점들이 모여 있는 양지 순대타운 3층에 위치한 미림(303호)은 통통(304호), 원조(309호) 세 군데를 함께 운영하며 25년 이상을 이어가고 있습니다. 순대타운이 생기기 전부터 순대집을 운영해왔으며, 빨간 양념이 들어간 순대볶음이 아닌 담백한 백순대를 처음으로 개발한 원조집인만큼 그 맛은 누구도 따라올 수 없습니다.

전통의 맛뿐만 아니라 푸짐한 양 또한 이곳의 특징입니다. 갖은 재료를 아끼지 않는 넉넉한 인심이 느껴집니다. '미림'의 백순대를 퀵으로 주문하는 손님들도 있을 정도라고 하니, 그 맛을 꼭 느껴보세요.

순대, 떡, 야채쌈

철판 위에서 완성된 백순대

미림의 분위기

순대, 간, 곱창, 야채에 들깨가루를 듬뿍 넣고 볶은 다음, 깻잎에 싸서 양념장에 찍어 먹는다.

대표 음식 원조 백순대
가격 백순대 1인분 7,000원
　　　볶음밥 한 공기 2,000원
영업시간 9:00~2:00
휴무 명절
위치 서울시 관악구 서원동 1640-31
전화번호 02-876-7734
주차 불가능
팁 1.5인분도 주문 가능. 유기농야채와 천연 양념만 사용하며, 푸짐한 양을 자랑한다. 음료수는 서비스!

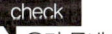 check
우리 동네 맛집 찾기

인사동
아름다운차박물관
(녹차빙수)

을지로
코인
(녹차빙수)

냉천동
한옥집
(김치찜)

창천동
하나
(오코노미야끼)

서교동
스테이위트쿵피트
(양배추 샐러드(사이드))

서소문동
만족오향족발
(양배추 샐러드(사이드))

서원동
미림
(백순대)

신사동
그랑씨밀
(그랑씨밀 샐러드)

맘 반포동
(석쇠 불고기 샐러드)

공평동
열차집
(빈대떡)

살 빼는 게
가장 쉬웠어요~

비만의 원인
매일매일 맛있는 음식과 다이어트 사이에서 갈등하는 우리. 어느새 '다이어트'는 일상적 스트레스가 돼버렸습니다. 원 푸드 다이어트부터 황제 다이어트까지 안 해본 다이어트가 없을 정도지만 한번 찐 살은 쉽게 빠지지 않습니다. 외식이 잦아지고 식단이 서구화되면서 우리나라 비만 인구는 현재 1200만 명에 달합니다. 이는 우리나라 전체 인구의 약 3분의 1을 차지할 정도로 큰 숫자입니다. 비만은 당뇨병이나 고지혈증 발병 가능성을 높이며, 성기능 장애, 관절염, 심혈관계 질환 등의 기타 질병을 초래하기도 합니다. 비만은 오랫동안 에너지소비량에 비해 영양소를 과다 섭취할 경우 생깁니다. 따라서 비만을 예방하려면 균형 잡힌 식단에 맞춰 영양소를 골고루 섭취하는 것이 중요합니다.

비만 예방법
우리는 각자의 신체조건에 따라 필요한 기초대사량이 다릅니다. 기초대사량(BMR: Basal Metabolic Rate)은 가만히 있을 때 소비되는 최소한의 에너지량으로 나이, 성별, 체중, 키에 따라 달라집니다.

남성　MR = 66.47+(13.75×체중) + [5×키(cm)] − (6.76×나이)
여성　MR = 65.51+(9.56×체중) + [2.85×키(cm)] − (4.68×나이)

하루 동안 섭취하는 칼로리에서 500Kcal를 줄이면 일주일 동안 약 0.5kg를 감량할 수 있습니다. 다이어트를 하려면 식이요법이 필수인 만큼 저칼로리 식사를 하는 것이 좋습니다.

비만인 사람들에게 필요한 영양소
다이어트를 하려면 생활습관을 개선하여 식사량을 줄이고 운동량을 늘려야 합니다. 기본적으로 칼로리 섭취를 줄이는 것이 가장 중요하나, 최근 영양소 조성에 따라 체중감소 효과에 차이가 난다는 사실이 밝혀졌습니다. 그러므로 영양소를 고려하여 식단을 구성하는 것도 매우 중요합니다. 운동은 요요현상을 예방하기 위한 것이므로 적어도 매일 30분씩은 해주는 것이 좋습니다.

원활한 신진대사를 위해 철분을 충분히 섭취하세요

몸속에 철분이 부족하면 신진대사가 원활하게 이루어지지 못해 노폐물이 쉽게 쌓이고 피로감을 금방 느끼게 됩니다. 철분을 섭취하려면 녹황색채소, 간, 달걀, 어패류가 좋습니다.

칼슘은 지방 분해를 도와줘요

칼슘은 지방을 분해하고 흡수를 방해하는 특성이 있어 다이어트에 좋습니다. 또한 흥분된 신경을 진정시키는 효과가 있어 신경이 예민해지기 쉬운 다이어트 기간에 챙겨 먹으면 즐겁게 살을 뺄 수 있습니다. 칼슘이 포함된 음식으로는 우유, 치즈, 요구르트 등이 있습니다.

단백질은 세포를 재생시켜요

단백질은 우리 몸의 근육, 내장, 피부 등을 구성하며 부족한 에너지원을 채우는 역할을 합니다. 또한 세포를 재생시키고 사라지는 것을 막아 젊음과 건강을 유지해줍니다. 매일 섭취해야 하는 단백질의 양은 총칼로리의 15% 정도입니다. 단백질이 포함된 음식으로는 두부, 닭가슴살, 참치 등이 있습니다.

∨ 이런 음식은 피하세요

정제된 탄수화물 과자, 빵, 케이크 등 가공된 탄수화물은 혈당을 급격히 올립니다. 체내 혈당이 높아지면 인슐린이 포도당을 글리코겐으로 변환해 지방세포로 저장합니다. 이러한 과정을 반복하다 보면 인슐린에 대한 감수성이 떨어지면서 더 많은 인슐린이 분비됩니다. 뱃살이 늘어나는 주범이 되고 맙니다.

포화지방, 트랜스지방 육류나 유제품에 풍부한 포화지방, 마가린에 들어 있는 트랜스지방은 혈관 내 노폐물 축적을 부추겨 혈액순환과 지방대사를 방해합니다.

짠음식 우리 몸은 하루 5g 이상 소금을 섭취하면 조직 내에 수분을 축적시켜 염분을 희석하려고 합니다. 이는 뱃살과 부종의 원인이 되며 셀룰라이트까지 악화시키는 결과로 이어질 수 있습니다.

닭가슴살 토마토
두유 소스 스테이크

닭가슴살은 우리 몸에 필요한 필수 아미노산이 완벽하게 들어 있는 단백질식품으로, 지방 함량이 적어 다이어트 음식으로 사랑받고 있습니다. 또한 토마토는 닭가슴살과 함께 미국 〈타임〉지가 선정한 21세기 최고의 건강식품으로, 칼로리가 낮고 콜레스테롤 수치를 낮춰주며, 지방 연소를 도와 다이어트에 도움을 주는 채소입니다. 두유는 지방 분해를 촉진하고 지방 합성을 막아 비만을 예방해주는 콩으로 만듭니다. 콩의 영양소를 그대로 함유하면서 포만감으로 인해 식욕억제 효과까지 있는 두유 소스와 닭가슴살의 만남. '닭가슴살 토마토 두유 소스 스테이크'를 소개합니다.

재료 소개 | 2인분 기준

닭가슴살 1개, 올리브유 2큰술, 청주 1큰술,
빨간 방울토마토 4개, 노란 방울토마토 4개,
발사믹식초 1큰술, 다진 마늘 0.5큰술
소스 다진 양파 10g, 올리브유 약간, 다진 마늘 5g,
다진 토마토 20g, 두유 100ml, 소금·후추 약간씩

조리법

1 접시에 닭가슴살과 다진 마늘, 청주를 올린다.

2 소금, 후추까지 넣어 양념한 다음 15분 정도 재워둔다.

3 양파와 토마토를 잘게 썬다.

4 달군 팬에 올리브유를 두른 뒤, 준비한 닭가슴살을 18분 정
도 구워 노릇노릇하게 익힌다.

5 달군 팬에 올리브유를 두른 뒤, 두 가지 방울토마토를 넣는다.

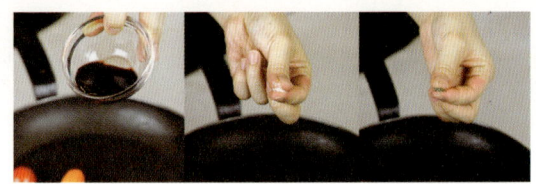

6 토마토에 발사믹식초, 소금, 후추를 뿌리고 살짝 익힌다.

7 (소스 만들기) 다른 팬에 올리브유를 넣고 달군 뒤, 양파를 넣어 부드러워질 때까지 중간불로 익힌다. 잘게 썬 토마토를 넣고 1분 정도 더 익힌다.

8 다진 마늘과 두유를 넣고 중간불로 졸인다.

9 소금과 후추로 간한다.

10 접시에 익은 닭가슴살을 담고, 구운 토마토를 곁들인 뒤 토마토 두유 소스를 얹어 마무리한다.

토마토 이야기

토마토는 멕시코에서 처음 재배되었습니다. 그 이름은 '포동포동한 과일'이라는 뜻의 아즈텍어 '토마틀(tomatl)'에서 유래되었습니다. 그런데 새콤달콤한 토마토는 왜 채소로 취급될까요? 잘 익은 토마토는 다른 과일에 비해 달콤한 맛을 내는 당 비중이 상대적으로 낮습니다. 그 대신 양배추와 비슷한 당 비중(3%)에 감칠맛을 내는 글루탐산과 황 화합물이 많이 들어 있습니다. 글루탐산과 황 냄새는 대개 과일보다 고기에 더 흔한 편입니다. 그래서 토마토는 서양 요리에서 고기 맛을 보충하거나 그 맛을 대체할 때, 또는 소스와 그밖의 혼합 요리에 깊은 맛을 더할 때 많이 쓰입니다.

토마토를 요리할 때 예쁘고, 질척거리지 말라고 토마토 껍질, 씨, 즙을 없애는 분들이 있습니다. 이 경우 주로 단맛만 남아, 맛의 균형이 무너지고 향이 날아갑니다. 토마토 고유의 맛을 살리려면 토마토를 모두 사용하는 것이 좋습니다.

영양소 손실을 줄이는 요리법

생활 수준이 높아지면서 에너지 영양소인 탄수화물, 지방·단백질보다 에너지대사 과
정에 관여하여 몸을 활성화하는 비타민이 주목받고 있습니다. 에너지를 내지는 않지
만 비타민은 우리 몸의 생장과 생명 유지에 필수적입니다.

비타민은 동물성식품과 식물성식품을 통해 섭취할 수 있습니다. 동물성식품에 함유
된 비타민은 함량이 일정합니다. 반면 과일과 채소 등에 함유된 식물성비타민은 재배
시 일조량, 수분, 환경, 그리고 수확시기에 따라 함량이 달라지며 조리·저장·가공 과
정에서 많이 손실됩니다.

가열한 요리는 입맛에는 맞을지 몰라도 비타민이 파괴된다는 문제점이 있습니다. 따
라서 음식에 함유된 비타민을 그대로 섭취하려면 가능한 한 가공되지 않은 신선한
상태로 먹는 것이 좋습니다. 될 수 있으면 우리 땅에서 자란 제철식품, 그중에서도 가
공 과정을 거치지 않은 통곡류, 채소, 과일 등을 날로 먹거나, 살짝 찌거나 데치는 등
최소한의 요리 과정을 통해 섭취하는 것이 좋습니다.

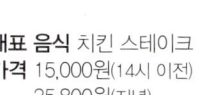
닭다리살을 다마리 소스(간장 소스의 일종)에 재운 뒤 그릴에 구워 훈연향이 풍긴다.

양재동 '더스테이크하우스'

양재동 골목에 위치한 '더스테이크하우스'는 처음부터 끝까지 모두 직접 만드는 정성을 기울이고 손님 한 분 한 분에게 최고의 스테이크를 대접하는 스테이크 전문점입니다. 식품영양학을 전공한 대표는 종갓집의 맏며느리로 가족들에게 음식솜씨를 발휘하다가 오랜 꿈인 레스토랑을 열었습니다.

식전에 빵과 함께 나오는 버터는 녹차를 넣어 직접 만들고, 스테이크는 최고급 호주산 와규를 사용하여 별도로 간하지 않고 소금과 후추로 맛을 내 고기 본연의 맛을 느낄 수 있습니다. '더스테이크하우스' 대표는 늦게나마 이룬 꿈인 만큼 요리하는 것 자체가 행복하다고 말합니다. 그녀의 사랑과 정성이 음식에 담겨 있기 때문에 압구정에서 양재동 골목으로 이전하였는데도 손님들의 발길이 끊이지 않습니다.

대표 음식 치킨 스테이크
가격 15,000원(14시 이전)
　　　25,800원(저녁)
영업시간 11:30~23:00
휴무 명절
위치 서울시 서초구 양재동 89-2
전화번호 02-546-5469
주차 가능
팁 스테이크에 뿌리는 브라운 소스는 대표의 가족들이 보약으로 한 그릇씩 먹을 정도로 좋은 재료를 사용한다.

check
우리 동네 맛집 찾기

서교동
더꽈뜨로
(빅 볼 샐러드)

동선동
소테
(치킨 갈비 스테이크)

동선동
마늘라올리브
(시저 샐러드)

동숭동
나무
(닭가슴살 크림 리조또)

창천동
야마
(탄두리 치킨)

여의도동
한나타이
(깽 커리 가이)

이촌동
초록바구니
(닭가슴살 구이)

반포동
생어거스틴
(쏨쑴 까이얌)

낙원동
부엌272
(치킨 케밥)

양재동
더스테이크하우스
(치킨 스테이크)

먹어도 먹어도
살이 찌지 않아~

먹어도 살이 안 찌는 이유

다이어트는 모든 여성들의 고민입니다. 살이 쉽게 찌는 여성은 '물만 먹어도 살찐다'며 불평하기도 합니다. 그러나 반대로 너무 말라 고민인 사람들도 있습니다. 이들은 하루 종일 군것질을 하고 가만히 앉아 먹기만 하는데도 살이 찌지 않습니다.

대부분 고열량식품을 많이 섭취하면 살찐다고 생각합니다. 그러나 정크푸드에는 영양소도 없을 뿐더러 칼로리가 높아 뱃살만 늘어나게 할 뿐, 건강하게 살찌는 데 오히려 방해가 됩니다. 특히 인스턴트식품에는 포화지방과 엄청난 양의 나트륨이 들어 있어 동맥경화의 원인이 될 수 있습니다. 이러한 음식을 장기간 섭취할 경우, 체중이 늘어난 것처럼 보이지만 실은 수분으로 인한 체중 증가일 뿐, 근육량이나 실질적인 체중이 늘어난 것은 아니기 때문에 오히려 건강 상태만 악화됩니다.

건강하게 살찌려면 자신의 기초대사량보다 많은 양을 섭취하되, 매일 운동으로 근육량을 늘려 체중 증가를 유도해야 합니다. 또한 식단을 하루에 다섯 끼로 나누어 섭취하면 몸속으로 흡수되는 영양분이 많아져 체중을 늘릴 수 있습니다. 그러나 복부 지방만 늘어날 수도 있으므로 반드시 규칙적인 운동을 병행해야 합니다.

살이 안 찌는 사람에게 필요한 영양소

단백질과 탄수화물은 우리 몸을 구성하고 에너지를 얻는 데 중요한 영양소입니다. 따라서 건강하게 살찌려면 탄수화물과 단백질을 균형 있게 섭취하는 것이 좋습니다.

탄수화물 위주로 식사하세요

저체중은 신진대사가 빨라 몸속에 에너지가 거의 남지 않기 때문에 발생합니다. 몸에 잉여 에너지가 거의 없으므로 반드시 탄수화물을 끊임없이 공급해줘야 합니다.

양질의 단백질을 섭취하세요

질 좋은 단백질일수록 체단백으로 이용되는 비율이 높습니다. 고단백 음식으로는 우유, 치즈, 바지락, 전갱이 등이 있습니다.

열량이 높은 과일을 섭취하세요

포도는 과일 중에서도 열량이 높은 편이라 작은 송이 하나가 140~150kcal 정도 됩니다. 특히 거봉은 단맛이 강한 만큼 일반 포도보다 열량이 3배나 높아 적정량을 섭취할 경우 체중 증가에 좋습니다.

바나나는 한 개에 100~120kcal 정도로 열량이 많지는 않지만, GI(혈당지수)가 높아 당뇨 환자들이 혈당 수치를 높이기 위해 먹기도 합니다. 바나나는 아침이나 낮에 먹으면 식이섬유가 많아 다이어트에 도움이 되지만, 밤에는 피하는 것이 좋습니다.

∨ 이런 음식은 피하세요

인스턴트식품 인스턴트식품은 영양가는 없고 포화지방과 나트륨만 들어 있어 체중은 늘지만 건강을 해치므로 섭취하지 않는 것이 좋습니다.

고구마 단호박 호밀버거

너무 말라 고민인 분. 많이 먹는 것 같은데 살이 도무지 찌지 않는 분. 일부 여성들에게는 부러움의 대상이지만 이런 분들에게도
나름대로 고민이 있습니다. '평균 체중만이라도 되어 봤으면……' 마른 사람들의 제일 큰 문제점은 소화력이 떨어진다는 것입니다.
이런 현상은 소장의 기능과 관련 있습니다. 소장의 기능이 떨어지면 아무리 많이 먹어도 영양분이 제대로 흡수되지 않습니다. 섬유
소는 장 운동을 도와 소장을 튼튼하게 해줍니다. 섬유소가 많이 들어 있는 고구마, 호밀, 단호박 등을 이용한 메뉴를 소개합니다.

■ 재료 소개 | 1인분 기준

고구마 30g, 단호박 30g, 송이버섯 10g, 양파 30g,
붉은 피망 30g, 애호박 30g, 호밀빵 1개, 체다 치즈 1장,
홀그레인 머스터드 1큰술, 꿀 1큰술 식용유 2큰술,
소금·통후추 약간씩

■ 조리법

1. 고구마, 단호박, 양파, 붉은 피망, 애호박, 송이버섯을 0.5cm
   두께로 썬다.

2. 달군 팬에 식용유를 두르고 고구마, 단호박, 애호박을 올려
   익힌다.

3. 양파, 붉은 피망, 송이버섯도 소금, 후추로 간한 다음 노릇노
   릇하게 구워준다.

4. 빵을 두 쪽으로 자른 다음 한쪽 면에 홀그레인 머스터드와
   꿀을 섞어 바르고, 다른 쪽에는 체다 치즈와 얇게 썬 애호박
   을 올린다.

5. 양파, 고구마, 붉은 피망을 올린다.

6. 단호박, 버섯 순서로 구운 야채를 올린 뒤, 잘라둔 빵 윗부분
   으로 덮는다.

호밀빵이나 호밀로 만든 시리얼을 하루에 3번 이상 먹으면 대장암을 예방할 수 있다!

2011년 영국 임페리얼 대학과 리즈 대학에서 약 200만 명을 대상으로 조사한 결과, 호밀로 만든 빵이나 시리얼을 먹으면 영국에서 발병률
이 세 번째로 높은 대장암을 예방할 수 있다는 연구결과가 나왔습니다. 이는 호밀빵에 들어 있는 풍부한 섬유소 덕택입니다. 식이섬유 섭취
량을 10g 늘릴 때마다 대장암 발생률이 10퍼센트씩 줄어드는데, 섬유소 때문에 배변작용이 활발해지기 때문입니다.

신사동 가로수길 '델리 하인츠버그'

가로수길에 위치한 '델리 하인츠버그'는 버터핑거팬케이크(Butter Finger Pancakes)에서 두 번째로 브랜드화한 유러피안 델리샵입니다. 직접 만든 각종 치즈와 육가공품, 스프레드, 빵을 구매할 수 있고, 신선한 재료를 사용해 만든 다양한 파니니와 버거를 맛볼 수 있습니다. '델리 하인츠버그'에서는 1년 동안 연구해 개발한 믿음직한 요리를 선보이고 있습니다.

신선한 재료가 듬뿍 들어갈 뿐만 아니라 먹음직스러워 그 맛과 멋을 보려고 모이는 사람들로 이곳은 늘 붐빕니다. 백화점 델리샵에 뒤지지 않는 고급 치즈와 육가공품을 비교적 저렴하게 구입할 수 있는 곳, '델리 하인츠버그'의 다양한 재료를 구입해 나만의 버거를 만들어보면 어떨까요?

스프레드가 발린 치아바타 빵 안에 구운 야채와 홍피망, 2가지 치즈를 넣어 야채 맛을 최대한 살린 식이섬유가 풍부한 파니니

대표 음식 프리마베라 파니니
가격 8,900원
영업시간 10:00~23:00
휴무 연중무휴
위치 서울 강남구 신사동 534-1
전화번호 02-541-8780
주차 가능
팁 직접 만든 각종 치즈와 육가공품, 빵을 구매할 수 있다.

check
우리 농네 맛집 찾기

신영동
송스키친
(단호박 허니 피자)

명륜동
에바홋법
(스위트 고구마 칼조네)

서교동
덩동
(고구마라떼)

한남동
코카페고메홈
(단호박 찰밥라 잡채)

한남동
바나나그릴
(그릴드베지)

삼성동
쏘트루
(바질 페스토 파스타)

이태원동
널스야드
(야채 카슈)

반포동
담장열에국화꽃
(단호박 팥죽)

대치동
정도너츠
(고구마 도너츠)

신사동
델리 하인츠버그
(프리마베라 파니니)

성형 후
퉁퉁 부은 내 얼굴

붓기 빼는 법

성형도 스펙이다? 얼마 전 25개국을 대상으로 실시한 조사 결과에 따르면, 대한민국의 인구 대비 성형률이 헝가리에 이어 두 번째로 높다고 합니다. 그만큼 우리나라에서 성형수술은 예뻐지고 싶은 사람이라면 누구나 할 수 있는 미의 수단이 되었습니다. 그러나 성형수술 후 빨리 가라앉지 않는 붓기 때문에 고민하는 분들이 많습니다. 예뻐진 자신의 모습을 하루라도 빨리 보고 싶은 마음에 붓기가 빠지기까지 기다리는 시간이 너무나 길게만 느껴집니다.

성형 후 붓기는 일종의 부종인데, 부종은 선천적일 수도 있고 염증, 종양, 외상 등 다양한 원인으로 발생하기도 합니다. 특히 성형 후 붓기는 즉시 관리해주지 않으면 체내에 불필요한 노폐물이 쌓이고, 성형으로 약해진 부위가 더욱 악화될 수 있습니다. 따라서 회복기간에는 염분이 들어간 짠음식은 피하고, 혈액순환을 원활하게 해주는 음식을 섭취해야 합니다.

붓기 빼는 데 좋은 영양소

얼굴이나 몸이 붓는 것은 일시적인 혈액순환 장애 때문입니다. 그러므로 붓기를 빨리 없애려면 이뇨작용으로 체내 불순물을 없애 혈액순환을 촉진시켜야 합니다. 붓기를 빼는 데 좋은 대표 음식으로는 호박, 콩, 다시마가 있습니다. 다시 말하지만 짠음식은 최대한 피해야 합니다.

호박은 체내 불순물을 제거해요

호박은 붓기를 빼는 데 가장 좋은 음식 재료 중 하나입니다. 이뇨작용을 돕고, 비타민A가 풍부해 체내 불순물을 제거하기 때문입니다. 그래서 수술 후 염증, 고름 등을 예방하고 붓기를 회복하는 데 좋습니다.

콩은 해독작용을 도와요

콩은 혈관을 부드럽고 튼튼하게 만들어 혈압 상승을 막고 동맥경화를 예방합니다. 특히 검은콩은 영양가가 높고 리신, 아스파라긴산, 필수 아미노산 등이 들어 있어 몸속에 있는 독을 밖으로 배출합니다.

다시마는 우리 몸에 산소를 공급해요

다시마는 식이섬유, 미네랄, 칼륨 등이 풍부해 신체 주요 부위에 산소를 원활하게 공급합니다. 또한 몸을 따뜻하게 유지시켜 수술 후 회복에 도움을 줍니다. 그러나 염분이 많기 때문에 조리하기 전 물로 깨끗이 씻는 것이 중요합니다.

∨ 이런 음식은 피하세요

짠음식 짠음식은 부종을 일으키는 최대 요인입니다. 따라서 음식은 전체적으로 싱겁게 먹고, 물을 많이 섭취하는 것이 좋습니다.

단호박 파스타

단호박은 혈액순환을 원활하게 하여 성형수술 후 몸속에 남아 있는 불필요한 노폐물을 내보냅니다. 또한 식물성섬유인 펙틴 성분이 함유돼 있어 이뇨작용을 도와주고, 비타민A 성분은 붓기로 약해진 피부 점막을 튼튼하게 합니다. 토마토 역시 식이섬유가 많아 노폐물 제거에 효과적입니다. 체내 이뇨작용을 원활히 하고 불순물 제거에 효과적인 호박과 토마토로 만든 파스타를 소개합니다.

■ 재료 소개 | 2인분 기준

닭가슴살 1/2개, 통마늘 1개, 생파슬리 약간,
말린 월계수잎 1개, 단호박 1/5개, 다진 마늘 약간,
방울토마토 15g, 적양파 10g, 링귀니 스파게티면 100g,
올리브유, 소금·후추 약간씩

소스 발사믹식초 2큰술, 꿀 또는 설탕 1큰술,
홀그레인 머스터드 1큰술, 다진 마늘, 소금·후추 약간씩

■ 조리법

1 마늘, 월계수잎, 파슬리를 넣은 물에 닭가슴살을 20분 동안 삶는다.

2 끓는 물에 소금, 올리브유를 넣고 스파게티면을 넣어 10분 정도 익힌 뒤, 면이 익으면 건져 물기를 없앤다.

3 스파게티면이 익을 동안 적양파를 먹기 좋게 자른다. 단호박은 한 입 크기로 잘라 찜통에 10분 정도 부드러워질 때까지 찐다.

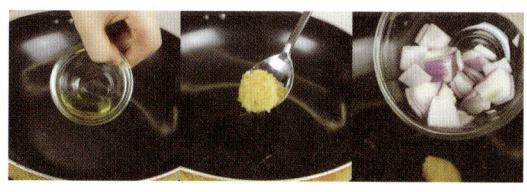

4 달군 팬에 올리브유와 다진 마늘을 넣고, 적양파를 볶는다.

5 방울토마토와 결대로 찢은 닭가슴살을 넣고 볶는다.

6 잘 볶아지면 발사믹식초, 꿀, 홀그레인 머스타드, 소금, 후추를 넣고 잘 섞는다.

7 호박과 파스타를 넣고 잘 뒤적인다.

8 음식을 준비한 접시 위에 올리고, 어린잎으로 장식한다.

호박 이야기

호박은 노폐물을 내보내고 이뇨작용을 도와 붓기를 빼줍니다. 또한 영양분을 공급하며, 지방의 축적을 막아줍니다. 그래서 다이어트식품으로도 각광받고 있습니다. 호박은 익을수록 맛이 좋고 몸에 좋은 성분이 많아집니다. 또한 위 점막을 보호하므로 위장이 약하거나 위궤양으로 고생하는 사람에게 좋습니다. 특히 늙은 호박에는 신경 완화작용을 하는 비타민B12가 들어 있어 불면증에 좋습니다.

호박과 함께 먹으면 좋은 식물성기름

호박을 콩기름, 참기름, 들기름 등 식물성기름에 살짝 볶거나 곁들여 먹으면 맛이 더 좋아지고 호박에 포함된 베타카로틴 흡수율이 높아집니다. 베타카로틴은 시력을 보호해주는 성분으로 알려져 있는데 시력 보호뿐만 아니라 심장질환이나 암(특히 유방암, 대장암, 폐암) 예방, 면역력 증강, 피부 건조, 습진, 아토피 등에도 좋습니다.

이탈리아 정통 파스타; 링귀니 파스타

링귀니 파스타는 이탈리아 서남부에 위치한 캄파니아 지역에서 유래된 전통 이탈리아 파스타입니다. 이탈리아어로는 'linguine' 또는 'linguini'로 쓰는데, "작은 혀"라는 뜻입니다. 전 세계적으로 매우 유명한 링귀니 파스타는 단면이 눌린 넓고 얇은 면으로 보통 스파게티면보다는 약간 더 두꺼우며, 우리나라의 칼국수와 비슷하게 생겼습니다. 볼로네이즈나 고기류를 이용한 약간 무거운 느낌의 파스타에는 스파게티면을 사용하는 반면, 링귀니는 해산물이나 여타 가벼운 느낌의 파스타를 만들 때 사용됩니다.

파스타가 딱 맛있는 상태, '알덴테'

'알덴테'란 파스타를 이로 끊었을 때 너무 부드럽지도 너무 익어 물컹거리지도 않아 저항력이 약간 있는 촉감을 말합니다. 즉 스파게티면을 삶았을 때 면은 익었으나 안쪽에서 단단함이 살짝 느껴지는 정도를 말합니다.
이탈리아에서는 알덴테로 익힌 파스타가 너무 익힌 것보다 GI(혈당지수)가 더 낮다고 합니다. 이는 '알덴테'로 익힌 파스타는 부드럽게 익힌 파스타보다 느리게 소화되어, 우리 몸에서 탄수화물이 더 천천히 흡수되기 때문입니다.

서래마을
'담장옆에국화꽃'

한국의 작은 프랑스 마을이라 불리는 서래마을에 위치한 '담장옆에국화꽃'은 전통 떡과 커피를 함께 즐길 수 있는 캐주얼 떡 카페입니다. 서정적인 느낌의 상호 '담장옆에국화꽃'은 시인 도현명이 국화꽃을 '신이 가장 마지막에 창조한 완벽한 꽃'이라고 묘사한 구절에서 영감을 받아 지은 것이라고 합니다.

'담장옆에국화꽃'에서는 매일 2~3회에 걸쳐 떡을 찌며, 신선함을 유지하기 위해 한정된 수량만 만듭니다. 2006년에 오픈한 이곳은 노출 콘크리트를 사용하여 빈티지한 분위기를 연출하였으며, 밝은 조명을 사용해 따뜻한 느낌을 줍니다. 자칫 부자연스럽게 느껴질 수 있는 커피와 떡의 만남을 조화롭게 풀어내기 위해 현대적인 느낌을 준 것입니다. '담장옆에국화꽃'은 이처럼 '떡 카페는 전통적이고 딱딱한 분위기일 것이다'라는 고정관념에서 벗어나 누구나 부담 없이 즐길 수 있는 공간이랍니다.

대표 음식 단호박 단팥죽
가격 9,000원
영업시간 9:00～23:00
　　　　　　(주말 10:00～23:00)
휴무 명절
위치 서울시 서초구 반포동 92-3
전화번호 02-517-1157
주차 불가능
팁 주문하면 떡을 바로 찌기 때문에 쫄깃한 떡을 맛볼 수 있다. 주말에는 찾는 사람이 많으니 빨리 찾아갈 것!

check
우리 동네 맛집 찾기

신영동
송스키친
(단호박 해물 떡볶이)

수유동
카페르땅
(단호박라떼)

명륜동
에바웃법
(단호박 파스타)

당주동
초원
(단호박죽)

관훈동
반짝반짝빛나는
(단호박 스무디)

목동
라고파스타
(단호박 파스타)

한남동
코카페고메홈
(단호박 찰밥과 잡채 곰보)

반포동
담장엽에국화꽃
(단호박 단팥죽)

청담동
뜨리앙
(뜨리앙 뜨띠아)

화양동
보스코
(단호박 파스타)

머리카락이
엄청나게 빠져요~

탈모의 원인

풍성하고 찰랑찰랑한 머릿결은 모든 여성의 로망입니다. 그러나 최근 빈약하고 텅 빈 두피와 가느다란 모발로 고민하는 사람이 많아지면서 탈모에 대한 관심도 커지고 있습니다. 미용에 관심이 많은 여성의 경우 탈모에 민감할 수밖에 없습니다.

탈모는 모발이 정상치보다 많이 빠지는 현상입니다. 자고 나서, 또는 머리를 감을 때 빠지는 머리카락이 100개가 넘으면 탈모일 확률이 높습니다.

탈모는 남성 호르몬, 스트레스, 출산, 영양 결핍 등으로 발생하며, 모발을 생성하는 단백질, 요오드, 불포화지방산, 오메가3 지방산을 섭취하면 증상을 완화시킬 수 있습니다. 또한 스트레스를 받지 않도록 노력하고, 두피의 혈액순환을 위해 운동이나 마사지를 하면 좋습니다.

탈모에 좋은 영양소

모발은 케라틴이라는 단백질로 구성되어 있습니다. 따라서 탈모를 막으려면 단백질 등의 영양소를 제대로 공급해야 합니다. 단백질이 풍부한 식품으로는 콩, 생선, 우유, 달걀, 검은깨, 검은콩, 살코기 등이 있습니다. 동물성지방은 남성 호르몬을 분비해 두피에 피지가 과도하게 쌓이므로 모공이 막히기 쉽고 탈모의 원인이 될 수 있습니다.

구기자는 여성 탈모 예방에 좋아요

신경이 흥분되었을 때 탈모가 찾아오기 쉬운데, 구기자는 신경 안정에 효과가 있습니다. 구기자를 달인 물은 신경을 안정시키고 모발을 만드는 세포와 조직을 활성화합니다.

호두에는 탈모 방지에 좋은 단백질과 비타민이 풍부해요

호두에는 탈모 방지에 좋은 지질과 단백질, 비타민E, 비타민B1이 풍부하게 들어 있습니다. 그러나 너무 많이 먹으면 설사를 일으킬 수 있으니 하루에 3~4알만 섭취하세요.

모발 발육을 촉진하는 해조류를 많이 드세요

미역, 다시마, 김 등 해조류에는 모발 발육 촉진 요소인 요오드가 함유되어 있습니다. 그밖에도 머리털을 구성하는 유황과 철분, 각종 비타민 등이 풍부합니다.

∨ 이런 음식은 피하세요

동물성지방과 담배 동물성지방을 많이 섭취하면 콜레스테롤 때문에 혈관이 노화되고, 따라서 혈액순환에 좋지 않습니다. 또한 남성 호르몬이 정상치보다 많아져 두피에 피지가 과도하게 분비되고, 이는 모공을 막아 탈모에 악영향을 미칩니다. 아울러 담배를 많이 피우면 니코틴과 각종 해로운 물질들이 혈관을 수축시키고 혈액순환에 장애를 일으킵니다. 두피에 혈액이 원활히 순환되지 않으면 염증이나 기타 부작용을 일으킬 수 있으므로, 탈모를 예방하려면 금연하는 것이 좋습니다.

참치 다시마덮밥

다시마에는 건강한 머리카락 유지에 꼭 필요한 단백질과 비타민이 많이 함유되어 있습니다. 또한 머리카락 성장에 꼭 필요한 요오드, 아연, 유황, 칼슘, 철분 등도 들어 있습니다. 특히 모발발육촉진제의 역할을 하는 '옥소(iodine)'라는 성분이 포함되어 있어서, 탈모로 고민하는 사람은 다시마를 자주 먹으면 탈모를 예방할 수 있고 머리카락도 윤기가 납니다. 달걀노른자에는 비타민B군에 속하는 비오틴이 풍부한데, 이 성분은 건선, 탈모증, 지루성 피부염, 비듬 등을 치료하는 데 도움을 줍니다. 여성 탈모에 좋은 다시마와 달걀을 이용한 '참치 다시마덮밥'을 소개합니다.

▌재료 소개 | 2인분 기준

참치 캔 80g, 달걀 2개, 작은 양파 1/4개, 다시마 30g,
밥 한 공기, 참나물 10g,

소스 물 한 컵(200ml), 간장 3큰술, 설탕 1.5큰술,
미림 3큰술, 소금·후추 약간씩

▌조리법

1 다시마는 1.5 x 2cm 길이로 자르고, 양파는 얇게 썰고, 참나
물은 3cm 길이로 썬다.

2 팬에 물 한 컵, 간장, 미림, 설탕을 넣고 끓인다.

3 끓기 시작하면 얇게 썬 양파와 다시마를 넣고, 양파가 어느
정도 익으면 참나물을 넣은 다음, 잘 푼 달걀을 젓가락 사이
로 골고루 부어준다.

4 밥에 기름을 뺀 참치, 소금, 후추를 넣고 골고루 섞어준다.
5 팬 뚜껑을 덮고 달걀이 반숙이 될 때까지 익힌 뒤, 준비한 그릇
에 참치밥을 담고 그 위에 소스를 부어 마무리한다.

달걀은 유정란(Free-range egg)과 무정란(Caged-egg)이 있다는 것을 알고 있나요?

달걀은 우유와 함께 완전식품으로, 영양덩어리라고 할 수 있습니다. 그리고 정확히 유정란과 무정란으로 나뉩니다. 유정란은 수탉과 암탉
을 기르는 곳에서 교미를 통해 낳은 달걀이며, 무정란은 암탉 혼자 낳은 달걀입니다. 즉 유정란은 생명력이 있는 반면, 무정란은 생명력이
없는 알입니다. 유정란은 자연 방목 상태에서 자라 스트레스를 덜 받은 닭이 낳아서 영양 면에서 더 좋습니다. 무정란은 달걀을 대량생산
하기 위해 닭을 좁은 사육장에서 키우다 보니, 닭이 스트레스를 많이 받아 달걀 영양에 영향을 줄 수 있습니다. 또한 무정란은 항생제를
쓰는 것도 문제가 될 수 있습니다. 유정란과 무정란을 구별하는 방법은 쉽습니다. 유정란은 손으로 돌리면 잘 돌아가지 않고 소금물에 가라
앉습니다. 그러나 무정란은 손으로 돌리면 잘 돌아가고 소금물에 뜹니다.

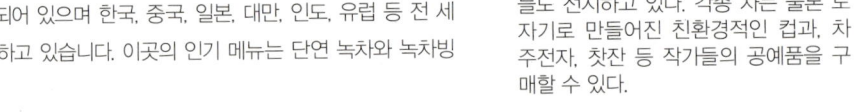

대표 음식 녹차빙수
가격 15,000원
영업시간 10:30～22:00
휴무 연중무휴
위치 서울시 종로구 인사동 193-1
전화번호 02-735-6678
주차 불가능

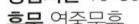

팁 1～2주에 한 번씩 기획전이 열리며, 다기를 만드는 작가들의 작품을 주로 전시해 왔으나 최근에는 다른 종류의 작품들도 전시하고 있다. 각종 차는 물론 도자기로 만들어진 친환경적인 컵과, 차주전자, 찻잔 등 작가들의 공예품을 구매할 수 있다.

인사동 '아름다운차박물관'

인사동 위치한 '아름다운차박물관'은 티 카페가 있는 차 백화점으로, 한국의 전통적인 미와 현대적인 미가 공존하는 쉼터이자 문화공간의 역할을 하고 있습니다. 차와 관련된 유물이 전시되어 있으며 한국, 중국, 일본, 대만, 인도, 유럽 등 전 세계의 다양한 차종을 보유하고 있습니다. 이곳의 인기 메뉴는 단연 녹차와 녹차빙수입니다.

고봉밥 같은 느낌의 푸짐한 녹차빙수. 녹차빙수 안에는 팥과 연유 호두, 피칸, 아몬드 등의 견과류가 들어 있다. 500원을 추가하면 팥을 더 먹을 수 있다.

1. 녹차빙수
2. 팥과 견과류가 푸짐하게 들어 있다
3. 옛 정서가 느껴지는 간판
4. 마치 밥이 담긴 듯 푸짐하다

check
우리 동네 맛집 찾기

낙원동
소금인형
(냉구기자)

인사동
아름다운차박물관
(녹차빙수)

을지로
코인
(녹차빙수)

반포동 맘
(석쇠 불고기 셀러드)

관훈동
오수
(깻잎이전)

청담동
카페티
(녹차빙수)

신사동
그랑씨엘
(엔초비 파스타)

신사동
더플라잉팬화이트
(바나나 호두 펜케이크)

신사동
화전민
(통고등어구이)

이문동
외대불난곱창
(참나물 셀러드(사이드))

네일아트도 소용없는
내 손발톱

손발톱이 갈라지는 원인

'여자는 손이 예뻐야 한다'는 말이 있듯이 모든 여성은 하얗고 예쁜 손을 꿈꿉니다. 각질 하나 없는 깨끗한 손과 손톱은 건강한 신체와 꾸준한 관리를 통해 만들어집니다. 손톱을 보면 몸의 건강 상태를 어느 정도 체크할 수 있는데, 건강한 손톱은 자연스러운 광택이 나고 붉은 핑크색이 감돕니다. 건강이 좋지 않을 때 가장 흔한 증상은 손톱이 갈라지고 하얗게 뜨는 조갑박리증입니다.

조갑박리증이란 조갑(손톱과 발톱)이 자연적 또는 물리적으로 피부와 분리되는 현상을 말합니다. 세제나 기계적인 자극이 손톱에 가해졌을 때 주로 발생하는데, 여러 습진성질환(건성, 아토피성 피부염, 주부습진), 세균, 곰팡이, 화학물질, 손이 항상 물에 젖어 있는 상태 등에 의해서도 발생합니다. 조갑박리증이 심해지면 손발톱이 완전히 떨어져 나갈 수도 있으며, 만성적으로 지속되는 경우 조갑 하부 피부에 세균이나 곰팡이 등이 번식해 증상 회복을 방해하기도 합니다. 조갑박리증은 별다른 자각증상이 없고 건강을 크게 위협할 만큼 심각한 질환이 아니다 보니 대수롭지 않게 여기는 경향이 많습니다. 여성의 경우 임시방편으로 매니큐어를 바르는 것으로 증상을 감추기도 합니다. 그러나 이는 손톱의 수분 흡수를 방해하고 피부를 더욱 건조하게 하므로 증상을 악화시킵니다.

갈라지는 손발톱에 좋은 영양소

건강한 손발톱을 위해서는 충분한 영양 공급과 원활한 혈액순환이 무엇보다 중요합니다. 손발톱 성장에 좋은 영양소는 단백질, 칼슘, 비타민, 식이섬유 등이며 밀가루, 탄산음료, 인스턴트식품은 피해야 합니다.

손톱의 성장을 위해 단백질을 충분히 섭취하세요

단백질은 성장 호르몬의 분비를 촉진시켜 손톱과 발톱이 자라나도록 도와줍니다. 따라서 단백질이 많이 함유된 콩, 두부, 소고기, 닭고기, 생선류를 섭취하는 것이 좋습니다.

칼슘은 우리 몸의 성장을 도와요

칼슘은 뼈대와 치아조직을 형성하고 신체기능을 조절하며, 특히 성장에 직접적으로 관여합니다. 우유와 두부, 그리고 멸치, 뱅어포 등 뼈째로 먹는 생선과 미역 등에 많이 함유되어 있습니다.

미네랄은 세포 재생과 성장을 도와요

세포의 재생과 성장을 돕고 손발톱에 영양을 주려면 미네랄, 그중에서도 특히 아연이 풍부한 음식을 먹어야 합니다. 미네랄이 풍부한 음식으로는 다시마, 미역, 해조류, 현미, 땅콩, 씨앗류, 생선 등이 있습니다. 아울러 케라틴 생성에 도움을 주는 비타민 A와 D, 철분, 피부건강에 좋은 비타민 B와 C를 꾸준히 섭취해야 합니다.

비타민은 골격과 내장 기관의 발육을 도와요

비타민은 골격뿐만 아니라 내장기관의 발육에도 관여하는 영양소입니다. 특히 에너지원의 점활유적인 역할을 하고 신장 증진에 필수라는 점에서 중요합니다. 또한 단백질 합성에 관여하므로 어린이의 정상 성장, 신체유지에 절대적으로 필요합니다. 비타민이 함유된 음식으로는 시금치와 당근, 호박, 김, 미역, 표고버섯, 양송이버섯 등이 있습니다.

∨ 탄산음료와 인스턴트음식은 피하세요

탄산음료와 인스턴트식품 콜라, 사이다 등 인산이 든 탄산음료나 인스턴트식품을 피해야 하는 이유는 인산이 뼈의 성분이 되는 칼슘을 소변을 통해 체외로 배출하기 때문입니다. 또한 인스턴트식품은 영양가는 적은 반면 열량이 많아 영양 불균형을 초래할 수 있습니다.

소고기 뱅어포말이

분홍빛으로 반짝이는 손톱은 손을 한층 더 예뻐보이게 합니다. 어느 날 문득 손톱이 예전처럼 튼튼해보이지 않을 때, 손발톱 영양에 도움을 주는 음식을 자신에게 선물해보면 어떨까요? 깨지거나 갈라지는 손톱은 철분이 부족해서 생길 수 있는데, 뱅어포에는 철분이 많이 함유되어 있습니다. 또한 손발톱 문제는 종종 단백질 부족으로 생기는데, 이때 단백질이 풍부한 소고기가 도움이 됩니다. 뱅어포와 소고기로 만든 '소고기 뱅어포말이'를 소개합니다.

▌재료 소개 ┃ 2인분 기준

새송이버섯 50g, 소고기 300g(얇게 썬 것), 무순 15g,
홍피망 1/2개, 찹쌀가루, 소금·후추·식용유 약간씩,
뱅어포 1장
데리야키 소스 간장 1.5큰술, 설탕 1.5큰술,
다시마 물 1.5큰술, 미림 1.5큰술

▌조리법

1 깨끗하게 씻은 새송이버섯을 5~6cm 길이로 곱게 채썰고, 홍
피망도 송이버섯의 길이에 맞추어 채썬다. 뱅어포는 길이로 반
을 자른 다음 4cm 폭으로 잘라준다.

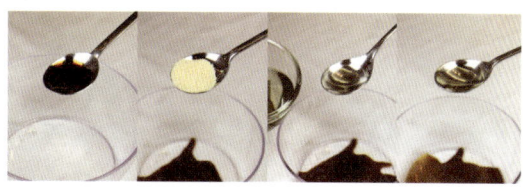

2 간장, 설탕, 다시마 물, 미림을 섞어 데리야키 소스를 만든다.

3 뱅어포에 데리야키 소스를 발라 살짝 굽는다.

4 소고기는 얇게 펴서 남은 데리야키 소스에 살짝 담갔다가 찹
쌀가루를 골고루 묻히고 뱅어포, 새송이버섯을 올린다.

5 무순, 홍피망을 넣고 돌돌 말아준다.

6 달군 팬에 기름을 두르고 소고기를 올린 다음 소금, 후추를
뿌려가며 굽는다.

압구정 '그랑씨엘'

음식과 사랑에 빠진 부부가 운영하는 이탈리아 가정식 레스토랑 '그랑씨엘'. 압구정 도산공원과 가까운 이곳은 노란색 외관과 개방된 테라스가 유럽의 노천 레스토랑을 연상시킵니다. 셰프이자 부부인 박근호, 이송희 대표는 이탈리아 투스칸 지방을 여행하며 셰프들에게 배운 레시피를 '그랑씨엘' 만의 스타일로 재해석하였으며, 많은 재료를 사용해 복잡하게 조리하지 않고, 주 재료 본연의 맛을 살리는 데 집중했습니다. 그래서 메뉴가 대부분 투박하고 간단합니다.

대표 메뉴인 '앤초비 파스타'는 100% 이탈리아 고추 페퍼론치로 매운 향을 내어 양념한 앤초비를 사용해 만든 오일 파스타로, 앤초비의 풍미를 잘 살린 것이 특징입니다.

양념 앤초비를 사용한 오일 파스타로, 앤초비와 잘 어울리는 이탈리안 파슬리가 올라가 있다. 평소 비린 음식을 즐기지 않는 사람도 맛있게 먹을 수 있는 메뉴.

대표 음식 앤초비 파스타
가격 21,450원(VAT 포함)
영업시간 11:00~22:30
휴무 연중무휴
위치 서울시 강남구 신사동 650-22
전화번호 02-548-0283
주차 가능
팁 도산공원 맛집이다. 부가세 10%를 받는다. 오픈 키친이고 천장이 높아 실내에 있어도 답답하지 않다.

1. 높은 천장의 내부
2. 담백한 앤초비 파스타
3. 앤초비 파스타와 그랑씨엘의 인기 메뉴

check
우리 동네 맛집 찾기

명륜동
더밥
(하얀 순두부 정식)

삼청동
단풍나무집
(소고기구이)

서교동
벽돌집
(벽돌구이)

남창동
넥타이멸치갈치
(두부조림)

서초동
마실
(굴 소스 모듬 버섯 볶음)

이태원동
수지스
(피시 앤 칩스)

반포동
이광흔등심
(소고기)

신사동
그랑씨엘
(앤초비 파스타)

대치동
외고집설렁탕
(설렁탕)

신사동
고메유가
(와규)

Chapter 2
건강한 삶

콜록콜록,
걸렸구나 싶을 땐~

감기의 원인

겨울에는 추운 날씨와 건조한 공기 때문에 감기에 걸려 고생하는 사람들이 많습니다. 감기는 흔한 질병이지만 의외로 쉽게 떨어지지 않아 많은 사람들을 괴롭힙니다. 이는 감기 바이러스의 돌연변이가 빈번하게 나타나 치료에 한계가 있기 때문이라고 합니다. 그밖에도 인스턴트식품의 잦은 섭취와 불충분한 수면, 스트레스로 인한 면역력 저하 또한 감기의 원인이 됩니다. 따라서 감기에 걸리지 않으려면 평소 건강한 식생활과 생활습관을 유지하는 것이 좋습니다.

감기에 좋은 영양소

감기에는 무엇보다 따뜻한 물을 섭취하는 것이 좋은데, 몸을 따뜻하게 해주기 때문입니다. 또한 비타민이 풍부한 과일과 야채 등을 많이 섭취하면 면역력이 높아지는 효과를 볼 수 있습니다.

저항력을 길러주는 비타민A를 많이 섭취하세요

비타민A를 충분히 섭취하면 목과 코 점막의 저항력이 강화돼 바이러스의 침입
을 막을 수 있습니다. 비타민A가 풍부한 식품으로는, 간, 장어, 버터, 치즈, 달걀
노른자, 녹황색채소, 고구마 등이 있습니다.

혈액순환을 원활하게 하여 몸을 따뜻하게 해주는 비타민E를 많이 섭취하세요

비타민E는 혈액순환을 원활하게 해주고 추위에 대한 저항력을 높이는 데 좋습
니다. 콩나물, 숙주나물, 땅콩, 식물성기름, 양배추, 쇠고기 등에 풍부하게 들어
있습니다.

물을 많이 드세요

물은 혈액순환을 원활하게 해줍니다. 따뜻한 물은 기침으로 부어 있는 편도선
을 부드럽게 해 치료를 도와줍니다.

∨ 이런 음식은 피하세요

찬음료 찬음료는 몸의 체온을 떨어뜨려 오한과 발열의 원인이 됩니다.

매운음식 매운음식은 위장을 자극하여 소화기를 약하게 하고, 방한이 심해져 허탈 증상을 유발할 수 있습니다.

당분이 많은 음식 당분이 많은 음식은 체내에 당을 증가시켜 코티졸 성분의 분비를 촉진하는데, 코티졸 성분은 심한 발열을 유발할
수 있습니다.

파뿌리튀김

파뿌리는 예로부터 감기에 좋다고 전해지는 대표 식품 가운데 하나입니다. 맵지만 따뜻한 성질이 몸에 땀을 내고 풍한을 없애며, 양기를 잘 통하게 합니다. 또한 파뿌리의 알코올 추출물은 심장과 위장의 기능을 강화하고 미생물에 대한 항균작용을 합니다. 따라서 자주 먹으면 알레르기성 감기와 비염 예방에 효과적입니다. 감기 초기에는 파뿌리를 생강, 귤 껍질과 함께 달여 마시고 땀을 내면 감기가 쉽게 낫는답니다. 감기에 좋은 파뿌리를 이용한 '파뿌리튀김'을 소개합니다.

▌재료 소개 | 2인분 기준

파뿌리 50g, 녹말 30g, 소금, 식용유 한 컵
소스 간장 2큰술, 식초 2큰술, 고춧가루 1/2큰술

▌조리법

1 파뿌리를 자르고, 물에 담가 흙을 제거한다.

2 파뿌리를 봉지에 담고 녹말과 소금을 약간 넣어 흔든다.

3 간장, 식초, 고춧가루를 섞어 소스를 만든다.

4 준비한 팬에 식용유를 두르고 가열한 뒤, 파뿌리를 넣고 튀긴다.

감기에 좋은 '생강차'

추운 겨울에 향이 모락모락 나는 생강차만큼 우리 몸을 따뜻하게 해주고 감각을 깨우는 것이 또 있을까요? 생강은 인도와 중국, 특히 동양 문화권에서 오랜 세월 동안 사랑받은 음식 재료입니다. 중국에서는 생강의 에너지가 폐와 위를 따뜻하게 해준다고 믿습니다. 매콤하고, 기분을 상쾌하게 해주는 생강차는 서양에서도 소화불량이나 구토, 감기, 기관지염 등의 민간요법으로 사용되었습니다.

※ 생강차 레시피 물 4컵과 생강 한 조각을 넣고 끓인 뒤, 기호에 따라 꿀이나 레몬을 넣어 마신다.

인사동 '소금인형'

인사동에 있는 '소금인형'은 직접 만든 전통차만을 판매하는 전통찻집입니다. 인사동에서는 전통찻집을 쉽게 찾을 수 있지만 수제로 만든 차만 판매하는 곳은 드뭅니다. 그러나 이곳에서는 모든 차를 수제로 만들 뿐만 아니라 판매도 한답니다. 15년째 운영되고 있으며, 한옥을 개조해 만든 외관과 한국적인 분위기의 내부가 향수를 불러일으킵니다. 메뉴판에는 우리 몸에 좋은 차들로 가득 차 있으며, 친절한 소개글이 있어 개인의 취향과 체질에 맞는 차를 즐길 수 있습니다.

인기 메뉴로는 중·장년층이 좋아하는 십전대보탕과 젊은 층이 좋아하는 과일차, 그리고 다양한 빙수가 있습니다. '소금인형' 대표는 전통차를 즐겨 먹으면 잔병치레로 병원 갈 일이 없다고 합니다. 씁쓸할 거라는 편견을 깨는 '소금인형'의 한방차를 드셔보세요.

1

2

여러 가지 견과류와 대추가 들어 있어 고소하고 달콤한 맛을 느낄 수 있는 십전대보탕

대표 음식 십전대보탕
가격 6,000원
영업시간 12:00~23:00
휴무 명절
위치 서울시 종로구 낙원동 183-32
전화번호 02-725-8587
주차 불가능
팁 소금인형에서 직접 만든 차를 구입할 수 있다.

1. 한옥을 그대로 살린 외관
2. 오미자빙수와 십전대보탕
3. 대추와 견과류가 가득하다.

3

check
우리 동네 맛집 찾기

낙원동
소금인형
(십전대보탕)

관훈동
귀천
(모과차)

동선동
마늘과올리브
(고르곤졸라 크림 피자)

신당동
다채
(콩나물솥밥)

서교동
벽돌집
(무생채 비빔밥)

반포동
담장옆에국화꽃
(담꽃 고구마 맛탕)

영등포동
장어생각
(장어구이)

여의도동
란나타이
(꾸에띠오 느아)

반포동
맘
(콩나물 비빔밥)

신사동
고메유가
(와규)

변비! 비껴~

변비의 원인

하루 이틀 변을 거르기 시작하더니 이제는 아랫배가 종일 묵직하고 속이 더부룩합니다. 화장실을 다녀와도 불편한 기분을 지울 수가 없습니다. 현대인들의 식생활이 서구화되면서 변비를 앓는 사람들이 증가하고 있습니다. 변비는 배변 시 무리한 힘이 필요하거나 대변이 딱딱하게 굳은 경우를 말합니다. 변비를 악화시키는 원인으로는 육류와 인스턴트식품의 섭취, 바쁜 생활로 인한 운동 부족 등이 있습니다. 또한 스트레스로 인한 장 기능의 저하도 원활한 배변활동을 방해합니다. 그 결과 장에서 분출되는 독소가 몸 전체로 퍼져 나가 각종 질병을 유발하고 노화까지 진행됩니다.

변비를 예방하려면 장의 연동운동을 원활하게 해주는 섬유질을 충분히 섭취해야 하며 알코올, 곶감, 인스턴트식품 등은 피해야 합니다. 아울러 규칙적인 배변습관과 스트레스 해소가 필요합니다.

변비에 좋은 영양소

변비는 섬유질 부족으로 생기는 경우가 많으므로 섬유질 섭취량을 늘려야 합니다. 변비에 좋은 음식으로는 고구마, 콩, 현미, 사과, 미역 등이 있습니다. 반면 피해야 할 음식으로는 알코올, 흰쌀, 자극성이 강한 차, 도토리묵, 곶감 등이 있습니다.

고구마에는 식이섬유가 풍부하게 들어 있어요

고구마에는 셀룰로오스라는 식이섬유가 풍부하게 함유되어 있습니다. 셀룰로오스는 물을 흡수하는 힘이 강해, 장에서 잘 흡수되지 않고 대변량을 늘리므로 변비 해결에 도움이 됩니다.

현미는 노폐물 배출을 도와요

미네랄과 비타민은 노폐물을 배출시키는 데 큰 도움이 됩니다. 백미는 소화시키기 힘든 탄수화물로 이루어진 반면, 현미는 미네랄과 비타민이 풍부합니다.

사과에도 식이섬유가 풍부하게 들어 있어요

효소가 풍부한 과일은 대부분 변비에 도움이 됩니다. 특히 사과는 식이섬유가 매우 풍부하며, 그중에서도 신맛이 강한 풋사과가 변비에 좋습니다.

미역의 알긴산은 장의 정화작용을 도와요

미역의 알긴산이라는 성분은 장의 정화작용을 돕습니다. 알긴산은 미역의 미끄러운 부분에 많이 함유되어 있습니다.

콩은 변비와 다이어트에 좋아요

콩은 식이섬유가 풍부하고, 불포화지방산이 많아 변비는 물론 다이어트에도 도움이 되는 음식입니다.

∨ 이런 음식은 피하세요

알코올 알코올은 탈수를 일으킬 수 있습니다. 또한 대변을 딱딱하게 만들기 때문에 잦은 음주는 금물입니다.

곶감 감에는 탄닌 성분이 들어 있어 장 점막을 수축시키고 지방과 결합해 변을 단단하게 만들기 때문에 변비를 유발할 수 있습니다.

인스턴트식품과 육류 인스턴트식품이나 육류 위주의 식습관은 대장의 활동을 악화시키고 수분을 빼앗기 때문에 변비에 좋지 않습니다. 육류를 섭취할 때는 식이섬유가 풍부한 야채와 함께 먹는 것이 좋습니다.

청국장 김치덮밥

청국장에 들어 있는 각종 효소와 청국장 균은 소화활동을 활발하게 하고 배 속을 깨끗하게 청소합니다. 이런 작용 때문에 얼굴에 잡티가 생기지 않아서 피부미용에도 좋습니다. 청국장 균이 위에 들어가면 장내 젖산균의 작용을 도와 여러 가지 이로운 물질을 생성시킵니다. 그 결과 위장 내 유용 미생물이 균형을 이루게 하여 설사와 장염, 변비 등을 예방해줍니다. 변비에 탁월한 청국장 볶음밥 위에 식이섬유와 유산균이 들어 있는 김치조림을 얹어 만든 '청국장 김치덮밥'을 소개합니다.

▌재료 소개 | 2인분 기준

청국장 1큰술, 밥 한 공기, 김치 30g, 참기름 1큰술,
다진 마늘 약간, 양파 1/4개, 고추장 1/2큰술,
설탕 1/2큰술, 물 반 컵, 소금·후추 약간씩

▌조리법

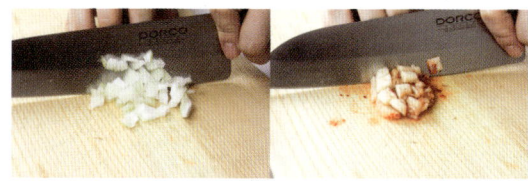

1 양파와 김치를 잘게 썬다.

2 팬에 참기름을 두르고, 마늘과 양파를 볶는다.

3 청국장을 넣고 볶다가 밥을 넣고 또 볶는다.

4 소금, 후추로 간한다.

5 다른 팬에 참기름을 두르고, 잘게 자른 김치를 넣고 볶다가
   고추장 1/2큰술, 설탕 1/2큰술, 물 100㎖를 넣고 볶는다.

6 청국장 볶음밥을 그릇에 담고, 볶은 김치를 청국장 볶음밥
   에 올린다.

광화문 '깡장집'

간편하고 든든하게 먹을 수 있는 깡장으로 많은 직장인들이 인정한 '깡장집'. 광화문의 빌딩 지하식당가에 있으며, 시원한 내부와 나무 테이블은 편안하면서 세련된 느낌을 줍니다. 이곳의 특징은 기본 반찬이 푸짐하고 다양하다는 것입니다. 또한 된장과 고추장을 직접 만들어 숙성하기 때문에 매일 신선한 깡장을 제공합니다.

'깡장집'의 대표 메뉴인 '깡장'은 원래 강된장으로 불리던 것을 깡장이라고 이름 지은 것인데, 15일 정도의 숙성 과정을 거칩니다. 다른 양념 없이 청양고추와 양파, 오징어, 돼지고기로만 양념하기 때문에 몸에도 좋고 토속적이며 가장 인기 있는 메뉴입니다. 청양고추의 알싸한 매콤함과 된장 본연의 짭조름함이 한국인의 입맛에 잘 맞고, 함께 나오는 야채와 비벼 먹다 보면 금세 밥 한 공기를 비울 수 있답니다.

대표 음식 깡장
가격 6,000원
영업시간 8:00~22:00
휴무 연중무휴
위치 서울시 종로구 당주동 5 B1F
　　　(로얄빌딩 지하1층)
전화번호 02-720-6152
주차 불가능
팁 야채에 깡장을 넣고 비비면 더 맛있게 먹을 수 있다. 김치가 맛있기로도 유명하며 청국장은 냄새가 거의 없는 것이 특징.

> 청양고추, 양파, 오징어, 돼지고기로만 양념하여 15일 동안 숙성시킨 깡장은 함께 나오는 부추와 상추 등의 채소와 비벼 먹을 수 있다.

check
우리 동네 맛집 찾기

부암동
오로지김치찌개
(김치찌개)

당주동
깡장집
(깡장)

관훈동
초정
(된장 칼국수)

명륜동
더밥
(콩비지)

냉천동
한옥집
(김치찜)

영등포동
다락방화로구이
(청국장)

반포동
땅장딸에핀국화꽃
(단꽃 고구마 맛탕)

신사동
화전민
(청국장)

충무로
사랑방콩국수
(콩국수)

대치동
피양콩할몬마니
(콩국수)

간지러운 피부, 참을 수 없어~!

아토피성 피부염의 원인

간지러운 피부를 긁고 나면 빨갛게 부어오르고 상처가 나기 십상입니다. 특히 잠잘 때는 무의식 중에 피부를 긁기 때문에 상쾌한 아침을 맞이하기 힘듭니다. 바로 아토피 피부염 때문에 고통받는 사람들의 이야기입니다. 아토피는 주로 유아기나 소아기에 시작되는 재발성·염증성 피부질환입니다. 최근에는 어린이뿐만 아니라 성인도 많이 겪고 있으며, 계속 증가하는 추세입니다. 아토피는 대체로 가려움, 피부건조증, 습진을 동반합니다.

아토피의 원인은 면역계통의 이상과 환경적 요인으로 분류할 수 있습니다. 면역계통 이상의 주요 원인으로 지목받는 것은 활성산소입니다. 활성산소는 외부에서 우리 몸으로 세균이 침투했을 때 이들을 녹이는 역할을 하는데, 면역체계 유지에 꼭 필요하지만 너무 많아져도 문제가 생깁니다. 과다 생성된 활성산소가 체내 지질과 결합해 과산화지질을 형성하면서 우리 몸의 정상적인 세포까지 공격하기 때문입니다. 이러한 과정에서 피부보습층이 파괴되어 건조해지고, 외부 자극에 민감하게 반응하게 되어 가려움과 발진, 진물 등의 고통스러운 증상이 나타나게 됩니다.

환경적 요인으로는 매연 등의 환경공해, 식품첨가물의 섭취 증가, 서구식 주거형태인 카펫·침대·소파 사용 등이 꼽힙니다. 또한 실내온도 상승으로 인해 알레르기 유발 물질이 증가하는 것도 원인이 됩니다. 아토피를 예방하려면 환경이나 식습관 등 일상생활의 패턴 조율이 중요합니다.

아토피에 좋은 영양소

아토피성 피부에는 혈액응고에 도움을 주는 음식과 혈관을 깨끗하게 해주는 음식, 그리고 신진대사를 돕는 음식이 좋습니다. 반면 술, 담배, 기름진 음식, 알레르기를 유발하는 음식은 자제하는 것이 좋습니다.

당근은 혈관을 튼튼하게 해줘요

당근은 혈액의 응고를 막는 효능이 있으며, 혈관을 튼튼하게 해줍니다. 당근은
갈아마시는 것이 좋습니다.

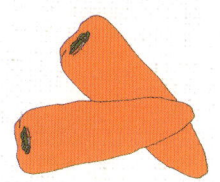

카레는 강력한 항산화직용을 해요

카레가루에 함유된 강황과 코리앤더 등의 향신료가 강력한 항산화작용을 하기 때
문에 아토피 피부에 효과적입니다. 시중에 가공된 카레가루는 인공적 요소가 들
어 있을 수 있으니, 되도록이면 100% 강황가루로 카레를 만드는 것이 좋습니다.

요오드는 혈액의 독성을 없애요

미역과 다시마에 풍부하게 함유된 요오드는 혈액의 독성을 뽑아내는 효능이 있
어 아토피 피부염에 좋습니다.

토마토는 수분을 보충해주고 노폐물을 배출해요

토마토는 수분을 많이 함유하고 있어 부족한 수분을 보충해주며, 식이섬유가 풍
부해 노폐물의 배출과 변비에 좋습니다. 또한 토마토의 3대 항산화 성분인 베라
카로틴, 비타민C, 비타민E는 모두 피부에 좋은 성분들로, 아토피성 피부염 치료
에 효과가 있습니다.

∨ 이런 음식은 피하세요

기름기 많은 음식 아토피성 피부인 사람은 기름기가 많은 음식을 피해야 합니다. 아토피의 주요 원인이 되는 활성산소는 우리 몸에
서 살아남을 수 있는 시간이 0.1초도 채 안 되지만, 기름기와 결합할 경우 과산화지질이라는 물질로 변하면서 오랫동안 살아남기 때
문입니다. 이때부터는 지속적으로 우리 몸의 혈관, 피부에 끼어 문제를 일으킵니다.

대구 토마토 차우더

과도한 히스타민의 분비는 아토피에 영향을 끼칩니다. 게와 새우는 물론 삼치, 고등어, 참치와 같은 등푸른생선에는 알레르기 유발 물질인 히스타민이 많이 들어 있는 반면, 흰살생선에는 히스타민 성분이 없습니다. 게다가 흰살생선은 지방이 적고 단백질이 풍부하며 칼슘이나 비타민 등의 무기질이 많이 들어 있고, 소화도 잘 됩니다. 토마토도 아토피에 좋은 음식으로 알려져 있습니다. 수분을 많이 함유하고 있어 몸속의 과도한 열로 인해 부족한 수분을 보충해주고, 식이섬유가 많아 대장운동을 활발하게 함으로써 노폐물의 배출과 변비를 도와주기 때문입니다. 아토피에 좋은 흰살생선인 대구와 식이섬유를 다량 함유한 토마토로 만든 '대구 토마토 차우더'를 소개합니다.

재료 소개 | 2인분 기준

대구 200g, 올리브유 1큰술, 양파 1/2개, 샐러리 1개
당근 1/2개, 감자 1/2개, 토마토 캔 200g, 월계수잎 1개
물 450ml, 소금·후추 약간씩

조리법

1 양파, 당근을 잘게 자른다.

2 샐러리, 감자를 잘게 썬다.

3 대구와 토마토를 먹기 좋게 자른다.

4 달군 팬에 올리브유를 두른 다음 양파, 샐러리를 넣고 중간불
에서 6~8분 정도 야채가 부드러워질 때까지 익힌다.

5 당근, 감자, 월계수잎을 넣은 다음, 야채가 연한 갈색이 될 때까지 5분 정도 익힌다.

6 토마토와 물을 넣고 뚜껑을 덮은 다음, 야채가 익을 때까지 7~9분 정도 끓인다.

7 대구를 야채 위에 얹고 뚜껑을 덮은 뒤 생선이 익을 때까지 3~4분 정도 끓인다(너무 오래 끓이면 생선 살이 쉽게 부서질 수 있다). 소금과 후추로 간한다.

차우더의 유래

차우더(Chowder)는 프랑스어인 '쇼디에르(Chaudiere)' 즉 어부가 신선한 생선 스튜를 만들던 손잡이가 3개 달린 큰 냄비(Cauldron)에서 유래되었다고 합니다. 배가 바다에서 돌아오면 모든 마을 주민이 각각의 어부들에게 받은 생선들을 큰 냄비에 담아 축하파티를 준비했습니다. 이후 1750년에 프랑스와 영국 배가 다른 항구로 이동하면서 차우더를 알리기 시작했습니다. 차우더와 수프의 차이점은 무엇일까요? 차우더는 큼직큼직한 재료로 만든 수프입니다. 처음에는 해산물을 이용해서 만들었지만, 오늘날에는 해산물 이외의 재료도 사용됩니다. 흔히 감자, 양파, 우유(크림), 수프를 진하게 해주는 밀가루, 조개를 쓰지만 필수 재료는 아닙니다.

아토피가 있는 분들을 위한 생활습관

1. 건조한 가을철에는 피부를 항상 촉촉하게

지나친 난방은 피부의 수분을 증발시키므로 실내온도를 18~20도 정도로 유지하는 것이 좋습니다. 충분한 가습이 필요합니다.

2. 충분한 수분 섭취

몸에 수분을 충분히 공급해줘야 합니다. 물을 하루에 2L 이상 마시는 것이 좋습니다.

3. 잦은 목욕은 NO!

이틀에 한 번 정도 샤워를 하되 보습이 강화된 클렌징제품을 쓰고, 긴 목욕은 몸의 수분을 빼앗기 때문에 목욕시간을 되도록 짧게 하는 것이 좋습니다. 아울러 목욕 후에는 반드시 크림이나 오일을 발라주어야 합니다.

4. 반드시 필요한 음식 조절

음식은 아토피 피부염을 유발하는 데 매우 중요한 역할을 합니다. 술이나 고기, 기름진 음식과 인스턴트식품, 밀가루 등을 피하고 제철과일이나 야채, 바다생선류를 많이 섭취하는 것이 좋습니다.

5. 스트레스를 피하라!

IMF 때 아토피 환자가 급증했다고 합니다. 스트레스는 몸뿐만 아니라 피부의 면역력을 약화시켜 아토피를 악화시킵니다. 따라서 스트레스를 이완할 수 있는 취미나 특기를 갖는 게 중요합니다.

이대
'로드샌드위치'

이대 후문에 위치한 '로드샌드위치'는 고급 샌드위치 전문점입니다. '로드샌드위치'는 김옥길 전 이화여자대학교 총장의 넋을 기리기 위해 1999년 건립한 기념관 내에 자리 잡고 있습니다. 건축가 '김인철'이 지은 이 건물은 누드 콘크리트와 유리를 사용해 프레임이 없으며, 독특한 외형을 구경할 수 있습니다. 1999년 건축의 해를 맞아 건축가 협회상을 수상하기도 했습니다.

샌드위치는 빵 사이에 고기와 야채를 넣어 간단하게 먹는 음식으로, 18세기 후반 영국에서 유래되었다고 합니다. 매일 매장에서 굽는 치아바타 빵에 고기와 야채 등이 푸짐하게 들어간 샌드위치는 하나만 먹어도 배부르답니다.

LORD SANDWICH

김옥길기념관
Kim Okgil
Memorial
Hall

47-6

LORD SANDWICH
로드 샌드위치

1. 미술관 같은 로드샌드위치의 분위기
2. 로드샌드위치의 인기 메뉴

닭육수에 토마토와 야채, 콩을 넣고 끓인 수프로, 토마토 맛이 강하다.

대표 음식 마녀수프
가격 6,000원
영업시간 11:00~21:00
(휴식시간 16:00~17:00)
휴무 연중무휴
위치 서울시 서대문구 대신동 92
전화번호 02-363-4554
주차 가능
팁 미술관 같은 분위기의 건물이라. 잠시 생각하고 싶을 때 샌드위치와 함께 분위기를 즐기는 것도 좋다.

> **check**
> 우리 동네 맛집 찾기

상수동
담담
(카페)

관훈동
지대방
(민들레차)

명륜동
페르시안궁전
(카레)

남창동
넥타이면갈치
(갈치조림)

대신동
로드샌드위치
(마녀수프)

을지로
봉마담살롱
(해산물 토마토수프)

여의도동
란나타이
(깽 커리 가이)

이태원동
수지스
(그릭 샐러드)

신사동
세시셀라
(샐러리 배 스무디)

대치동
바피아노
(페스토 꼰스 피나치)

축축해지는
속옷 때문에 불쾌해~

냉대하증이 생기는 원인

아침에 깨끗하게 갈아입고 나온 속옷에 분비물이 묻어나오면 찝찝하고 불쾌해 하루 종일 신경 쓰이기 마련입니다. 혹시라도 냄새가 나는 건 아닌가 싶어 자꾸 화장실을 찾게 됩니다. 여성의 질과 자궁은 항상 어느 정도의 분비물을 배출하는데 이를 '대하' 또는 '냉'이라고 합니다.

정상적인 분비물은 질이나 외음부를 보호하지만, 분비물이 너무 많아지면 불쾌한 냄새를 동반하며 심할 경우 여러 가지 합병증을 유발하기도 합니다. 이처럼 분비물이 많아지는 증세를 '대하증' 또는 '냉대하증'이라고 합니다. 냉대하증은 잘못된 질 세정제 사용, 잦은 성관계, 꽉 조이는 속옷 착용, 그리고 임신, 출산, 폐경과 같은 호르몬의 급격한 변화 등으로 인해 발생합니다. 또한 스트레스나 찬 기운에 노출됐을 때, 또는 영양상태 불량 등으로 일시적으로 발생할 수도 있습니다. 그러나 질염이나 성병 등으로 자궁이나 난소에 이상이 있을 때에도 생길 수 있으므로 주의해야 합니다. 냉대하증이 심하면 질염이나 질 출혈이 생기기도 하며, 소변을 보거나 성관계 시 통증이 있기도 합니다. 질염은 방광염이나 골반염의 합병증으로 이어질 수 있으며, 심할 경우 불임으로까지 발전할 수 있습니다.

냉대하증을 예방하려면 평소 생활습관을 관리해야 합니다. 기본적으로 몸을 따뜻하게 보호해야 하고, 외음부를 씻고 난 뒤에는 수건보다 바람으로 완전히 건조하는 것이 좋습니다. 또한 몸에 딱 붙는 옷은 피하고 순면 소재의 속옷을 착용하는 것이 바람직합니다.

냉대하증에 필요한 영양소

냉대하증은 기본적으로 속을 따뜻하게 해주는 음식이나 세균작용을 돕는 음식이 좋습니다. 반면 찬 기운이 강한 돼지고기나 밀가루 등은 피해야 합니다.

쑥은 몸을 따뜻하게 해줘요

쑥은 속을 따뜻하게 해주는 봄나물입니다. 시중에 쑥을 이용한 생리대가 많이
나오는 것은 이 때문입니다. 쑥 특유의 향기인 치네올은 혈액순환을 촉진시켜
자궁 출혈이나 냉증, 생리통에 효과적입니다. 그러나 더위를 많이 타는 사람에
게는 큰 도움이 되지 않습니다. 목욕제로 사용할 때는 향이 강한 해쑥(그해에 새
로 자란 여린 쑥)을 사용하고, 내복제로 사용할 때는 3년 정도 묵은 쑥을 사용해
야 합니다.

은행은 살충과 세균작용을 도와요

은행 열매에는 벌레나 해충이 없습니다. 은행 안에 들어 있는 플라보노이드 때
문입니다. 이 성분은 강력한 살충·세균 작용을 하지만 독성은 거의 없습니다. 따
라서 질병의 원인이 되는 몸의 산화작용을 억제하므로 냉대하를 치료하는 데 효
과적입니다.

전복은 몸을 따뜻하게 해줘요

아랫배가 차고 냉대하가 심한 여성이라면 전복을 많이 드세요. 한방에서는 전복
이 신장의 기운을 보충하고 자궁 출혈이나 냉대하가 있는 여성에게 도움이 된다
고 전합니다. 다만 감기에 걸려 열이 많이 날 때 전복을 먹으면 증상이 악화될
수 있으므로 주의해야 합니다.

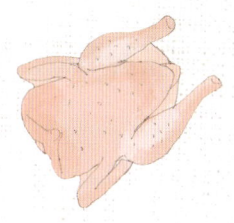

닭고기는 체내에 정체된 혈액을 풀어줘요

닭고기는 양기를 보충하고 자궁을 따뜻하게 하므로 자궁 출혈과 냉대하증에 좋
습니다. 또한 소변이 잘 나오게 돕고 갈증을 멈추는 데도 좋습니다. 특히 옻닭이
좋은데, 옻닭에 쓰이는 건칠 때문입니다. 건칠이란 말린 옻을 일컫는데, 동의보
감에 따르면 '말린 옻은 성질이 따뜻하고 어혈을 푼다'고 합니다. 즉 옻은 체내에
정체된 혈액을 풀어주기 때문에 간이 좋지 않거나 손발이 차가운 사람, 냉대하
가 심한 여성에게 특히 좋습니다.

∨ 이런 음식은 피하세요

찬음식 선천적으로 몸이 찬 사람이 찬음식을 자주 먹거나, 찬 기운에 자주 노출되면 자궁기능이 약해져 비정상적인 냉이 생깁니다.
몸을 차갑게 하는 대표적인 음식으로는 참외, 오이, 메밀 냉면, 생맥주, 보리밥, 돼지고기, 밀가루 등이 있습니다

삼계 갈릭 파스타

한방에서는 차가운 기운인 '냉'이 냉대하를 일으키는 가장 큰 원인이라고 봅니다. 차가운 바람을 맞으면 코가 빨갛게 얼면서 콧물이 나듯 냉대하가 생기는 것입니다. 또한 정서적으로 불안하거나 몸이 허약해져서 면역력이 떨어졌을 때, 출산 후 몸이 약해졌을 때, 무리한 성생활로 몸의 저항력이 약해졌을 때 냉대하가 생기기 쉽습니다. 삼계탕에는 더위, 추위, 피로에 대한 회복능력이 탁월한 인삼과 보양 강장약인 대추, 비위장을 따뜻하게 하는 마늘이 들어갑니다. 삼계탕과 통밀 파스타의 만남, 냉대하에 좋은 '삼계 갈릭 파스타'를 소개합니다.

재료 소개 | 2인분 기준

닭가슴살 2개
삼계탕 재료 황기 두 뿌리, 대추 3알, 녹각 1개, 마늘 3알,
대파 1/2개, 통밀 파스타면 100g, 녹말가루 1.5큰술,
소금·후추·식용유 약간씩

조리법

1 냄비에 황기, 대추, 녹각, 마늘, 대파, 물 4컵 반을 넣고 끓이
다가 물이 끓기 시작하면 준비한 닭가슴살을 넣고 익힌다.

2 준비한 팬에 물을 넣고, 끓기 시작하면 소금과 식용유를 넣은
다음 파스타면을 넣고 10분 정도 익힌 뒤 건져낸다.

3 국물이 충분히 끓으면, 닭을 건져서 결대로 길게 찢는다(끓이
는 중간중간 뜨는 거품을 건져내면 더욱 맑은 국물을 만들 수 있다).

4 팬에 삼계탕 국물 2~3국자, 익힌 파스타면, 찢어둔 닭가슴살
을 넣고 함께 끓인다.

5 찬물에 푼 녹말을 잘 섞어 넣은 뒤 소금, 후추로 간한다.

통밀 파스타를 사용하는 이유

우리가 사용하는 파스타는 대부분 흰 밀가루로 만든 것입니다.
그런데 밀은 정제되고 표백되는 과정에서 적어도 70%의 비타
민과 90%의 미네랄이 파괴된다고 합니다. 또한 흰 밀가루에는
식이섬유가 전혀 없고, 미네랄과 무기철분(inorganic iron)이 미량
포함되어 있는데, 무기철분은 비타민E 같은 다른 비타민들을
파괴합니다.
이제부터 하얀 파스타 대신 시금치·옥수수·콩·통밀 파스타
처럼 영양이 풍부한 파스타를 사용해보는 건 어떨까요?

여의도 '파낙스'

1983년에 문을 연 '파낙스'는 여의도의 대표 삼계탕 전문점입니다. 파낙스라는 상호는 '인삼의 학명(panax ginseng)'에서 따왔습니다. 인삼 판매사업을 하던 남궁윤재 대표가 인삼을 재료로 사용한 요리인 삼계탕에 관심을 두면서 시작한 음식점이 '파낙스' 입니다. 대표가 직접 선별한 충남 금산의 3년 된 수삼을 넣어 요리한 삼계탕은 전국 각지에서 찾아와 먹을 정도라고 합니다. '찰흑미 삼계탕'은 이곳의 인기 메뉴로 찰흑미, 인삼, 밤, 대추 등이 들어간 영양가 높은 보신 음식입니다.

30년간 삼계탕 전문점을 운영해 온 남궁윤재 대표의 운영 원칙은 '내 가족이 먹는다는 생각으로 정직하게 만드는 음식'이라고 합니다. 이런 변치 않는 맛과 정성으로 대접하기 때문에 오랜 세월을 이어가는 것이 아닐까요?

대표 음식 찰흑미 삼계탕
가격 15,000원(삼계탕 13,000원)
영업시간 11:00~22:00
휴무 명절
위치 서울시 영등포구 여의도동 45-15
전화번호 02-780-9037
주차 가능(유료)
팁 삼계탕을 먹으면 '인삼주' 한 잔 서비스 제공. 고추장에 찍어먹는 '토종 생마늘' 또한 별미다.

충남 금산에서 주인이 직접 엄선해 가져온 3년짜리 수삼을 쓴다. 닭은 생후 45일 된 탱탱한 육질의 닭만 사용한다.

1. 80년대의 분위기를 고스란히 간직한 외관
2. 깔끔한 내부 모습

check
우리 동네 맛집 찾기

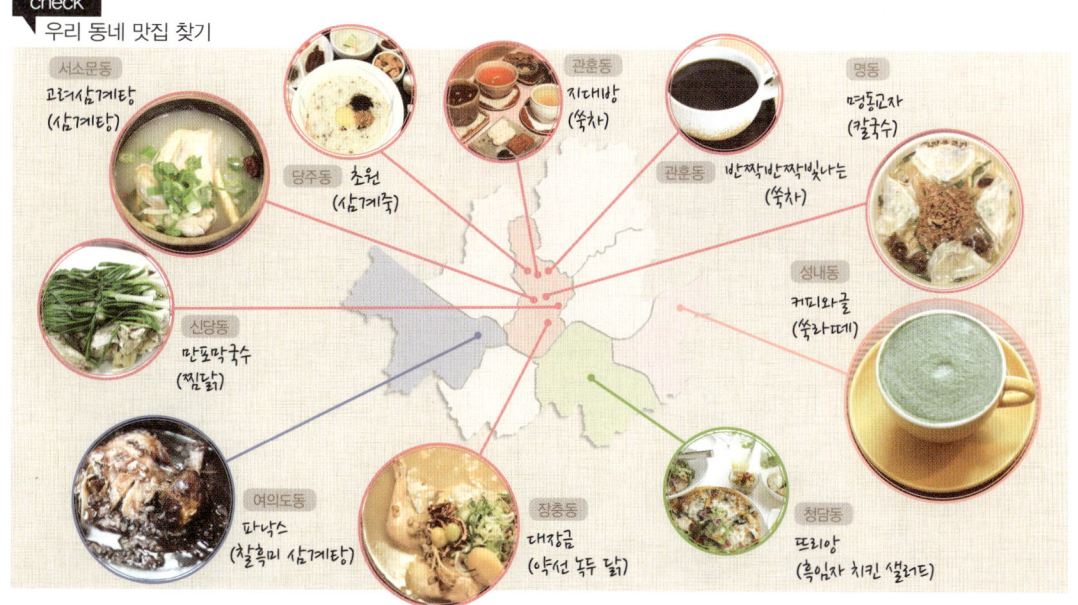

서소문동
고려삼계탕
(삼계탕)

당주동
초원
(삼계죽)

관훈동
지대방
(쑥차)

관훈동
반짝반짝빛나는
(쑥차)

명동
명동교자
(칼국수)

성내동
커피와글
(쑥라떼)

신당동
만포막국수
(찜닭)

여의도동
파낙스
(찰흑미 삼계탕)

장충동
대장금
(육선 녹두 닭)

청담동
뜨리앙
(흑임자 치킨 샐러드)

먹었다 하면
속이 더부룩~

소화불량의 원인

맛있는 음식을 먹어도 속이 편하지 않고 더부룩한 경우가 있습니다. 속이 자주 쓰리거나 윗배가 팽팽한 느낌이 든다면 소화불량을 의심해봐야 합니다. 소화불량은 소화기관의 기능 장애로 주로 배의 윗부분에 여러 증상이 나타나는 경우를 말합니다. 한 가지 증상으로만 나타나지는 않으며 속쓰림, 상복부 팽만감, 구토 등이 모두 나타날 수 있습니다. 기름진 음식 또는 육류를 자주 섭취하거나 신체활동이 부족한 경우에 주로 발생하는데, 증상은 대부분 심하지 않고 간헐적으로 일어나 무심코 지나가는 경우가 많습니다. 하지만 메스꺼움과 구토, 변비, 설사 등을 동반하게 되면 만성으로 발전하기 쉬우므로 적절한 식이요법으로 미리 예방하는 것이 좋습니다.

소화불량에 필요한 영양소

소화불량의 예방과 치료에는 소화·흡수를 촉진하는 성분이나 소화 효소가 함유된 식품이 좋습니다. 반면 뜨겁거나 찬음식, 자극적이고 매운음식, 술이나 담배 등은 소화불량을 촉진하므로 주의해야 합니다.

무는 위장을 튼튼하게 해요

다이아스타제와 비타민C가 다량 함유된 무는 소화력이 약한 사람에게 도움을
줍니다. 껍질까지 통째로 먹을 경우 위장이 강해지며, 칼슘과 다양한 효소 성분
까지 모두 섭취할 수 있습니다.

파인애플은 소화를 도와요

파인애플에는 단백질을 녹여 음식을 소화하기 쉬운 상태로 만들어주는 브로멜
라인이라는 효소가 풍부하게 들어 있어 소화에 큰 도움을 줍니다.

생강은 장 건강에 좋아요

생강은 혈액순환을 원활하게 해주는 음식으로, 소화불량에도 좋습니다. 또한 몸
의 기운을 북돋아주어 장 건강을 개선하고 위액 분비량까지 조절하는 효과가
있습니다. 소화가 잘되지 않아 속이 더부룩하다면 생강차를 먹어보세요.

달래는 소화력을 높여줘요

달래는 진한 향과 알싸한 맛으로 식욕을 돋우는 동시에 소화가 잘되도록 합니
다. 위를 건강하게 지켜주므로 위암 예방에도 효과가 있습니다. 죽으로 조리해
먹으면 더욱 좋습니다.

배는 단백질과 지방의 소화를 도와요

배에는 찬 성질이 있으므로 가슴이 답답하면서 위에 열이 많을 때 먹으면 좋습
니다. 또한 단백질과 지방의 소화를 돕는 성분이 들어 있어 고기를 먹을 때 곁들
어 먹으면 좋습니다.

호박은 소화흡수를 도와요

호박은 당질이 풍부하며 비타민 A, B, C와 철분, 칼슘 등 각종 성분이 많이 들어
있습니다. 호박 속 당분이 소화·흡수를 도와주며 체내 주요 영양소의 기능을 촉
진하므로 위장이 약하고 마른 사람들에게 특히 좋습니다.

∨ 이런 음식은 피하세요

육류, 치즈, 초콜릿 육류, 치즈, 초콜릿 등에 함유된 지방은 위장관 기능을 떨어뜨리는 역할을 합니다.

탄산음료 탄산음료를 마실 때에는 평소보다 공기를 삼키는 횟수가 더 많아집니다. 그 결과 위장 내에서 가스 팽창을 일으키므로 소
화를 방해합니다.

파인애플 그라니타

위의 연동운동이 원활하지 않으면 음식이 잘 소화되지 않습니다. 그 결과 가슴이 답답하고 속이 더부룩하며 트림, 구토, 통증이 나타납니다. 소화를 도와주는 대표적인 음식으로는 파인애플이 있습니다. 파인애플에는 브로멜린이라는 단백질 분해 효소가 들어 있는데, 파인애플에 함유된 단백질의 절반에 해당할 만큼 많이 들어 있습니다. 블로멜린은 연육작용을 통해 고기를 부드럽게 하며 고기와 함께 섭취할 경우 소화를 돕는 역할을 합니다. 하지만 너무 많이 먹으면 혀나 입술에 상처를 입을 수 있으며, 특히 빈속에 먹을 경우 강력한 단백질 분해효능 때문에 위벽에 상처가 날 수 있으니 주의해야 합니다. 소화불량에 좋은 요리, '파인애플 그라니타'를 소개합니다.

▌재료 소개 | 2인분 기준

꿀 3큰술
파인애플 1/4개
물 150ml

▌조리법

1 파인애플과 꿀, 물을 믹서에 넣고 부드럽게 갈아준다.

2 준비한 용기에 파인애플 간 것을 넣고, 2~3시간 동안 얼린
다(30분에 한 번씩 포크로 긁어서, 가루로 만들어준다).
3 준비된 글라스에 담아 낸다.

파인애플 이야기

파인애플은 중앙아메리카와 남아메리카가 원산지로 콜럼버스가 1493년 서인도 제도에서 발견한 이후 전 세계로 확산되었습니다. 오늘날
세계적 산지는 하와이, 서인도 제도, 플로리다, 말레이반도, 타이완 등입니다. 파인애플 겉에 있는 거북이 등과 같은 무늬는 하나하나가 작
은 과일이 굳어서 변한 것으로, 파인애플은 약 150개 정도의 작은 과일이 모여 있는 집합 과일입니다. 파인애플이란 이름은 과일의 겉모양
이 솔방울을 닮았고 맛은 사과와 비슷하다고 해서 붙은 것입니다. 파인애플은 즙이 많고 단맛, 신맛과 함께 감미로운 향기가 있으며 익으
면 과육이 투명해지고 단맛이 강해집니다. 부위에 따라 단맛의 차이가 많이 나는데 윗부분은 신맛이, 아랫부분은 단맛이 강합니다.

이태원 '엘 플랫'

'더 나은 것이 아니라, 세상에 없는 것을 만들자'라는 철학 아래 2011년 8월 이태원에 문을 연 '엘 플랫'. '엘 플랫'이란 이름은 대표의 이름 '에리사'와 반음내림을 뜻하는 음악기호 '플랫(Flat)'을 합쳐 지은 것으로, 건물이 반지하에 위치한 것을 음악기호 플랫(Flat)에 비유한 것이랍니다. '엘 플랫'은 메탈릭 스틸 컨셉 하이믹스와 레스토랑을 접목한 이색적인 공간으로, 기존의 레스토랑 컨셉에서 벗어난 다양한 메뉴를 만나볼 수 있습니다. 음식을 주문하면 애피타이저로 '사랑의 묘약'이라는 상큼한 과일주스가 제공되는데, 작은 호리병에 담아 나오며, 매일 종류가 바뀝니다.

이곳의 인기 메뉴는 쑥인절미 펜네 까르보나라입니다. 이름부터 범상치 않은 이 음식은 수제 쑥인절미, 베이컨, 고르곤졸라 치즈, 양송이버섯 등과 원통형으로 생긴 펜네 파스타를 사용해 만듭니다. 쑥인절미가 들어 있어 쑥향이 감돌며, 전체적으로 고소하면서 짭조름한 맛이 일품입니다.

대표 음식 오빠(오렌지 파인애플)
가격 7,000원
영업시간 11:00~2:00
 (금, 토 11:00~4:00)
휴무 월요일
위치 서울시 용산구 이태원동 119-17
전화번호 02-792-1917
주차 불가능
팁 내부에 들어서면 차가운 느낌의 철제 인테리어, 노출 콘크리트, 다양한 시도를 거친 정성스러운 음식. 이 세 가지 요소의 절묘한 어우러짐을 느낄 수 있다. 또한 곳곳에서 공구를 쉽게 구경할 수 있으며, 오래된 사진기와 램프 등도 둘러볼 수 있다.

> 오렌지와 파인애플로 만든 주스로 새콤달콤한 맛이 일품이다. 파인애플은 콜레스테롤을 낮춰주고 비타민C와 구연산이 많이 함유돼 있어 피로 회복에도 좋다. 또한 브로멜라인 효소가 단백질을 녹여 몸에서 소화되기 쉽게 만들어주기 때문에 식후 파인애플을 주스 형태로 만들어 마시면 소화에 도움이 된다.

check
우리 동네 맛집 찾기

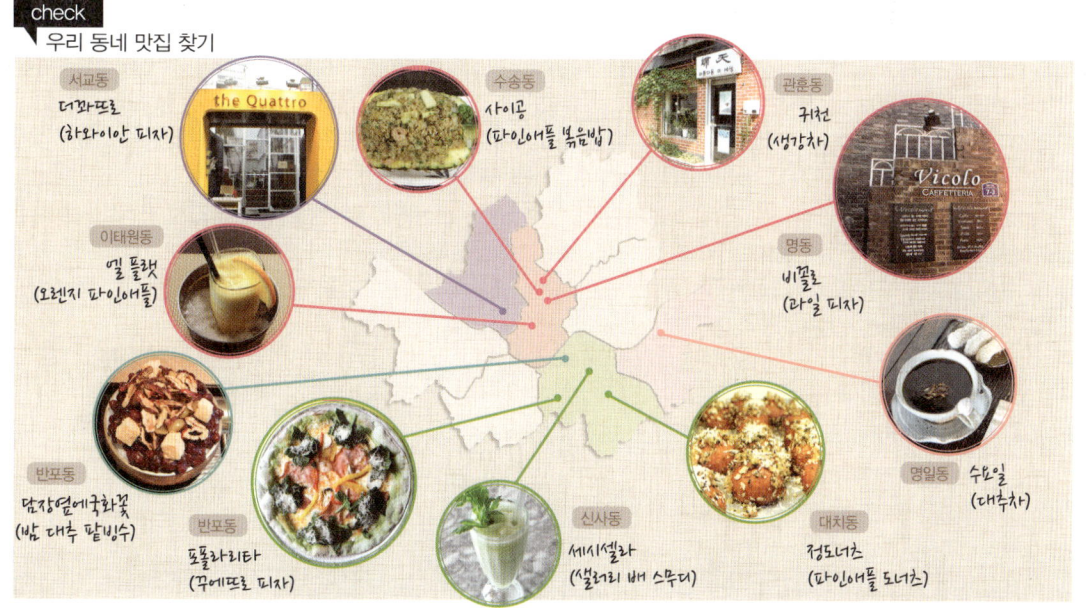

서교동
더꽈뜨로
(하와이안 피자)

수송동
사이공
(파인애플 볶음밥)

관훈동
귀천
(생강차)

이태원동
밀 플랫
(오렌지 파인애플)

명동
비꼴로
(라임 피자)

반포동
담장옆에국화꽃
(밤 대추 팥빙수)

반포동
포뽈라리타
(꾸에뜨로 피자)

신사동
세시셀라
(샐러리 배 스무디)

대치동
정도너츠
(파인애플 도너츠)

명일동
수모일
(대추차)

나 어지러워요~

빈혈의 원인

빈혈은 임산부를 비롯한 여성에게만 나타나는 질환이라고 생각하기 쉽습니다. 그러나 성인뿐만 아니라 어린이와 청소년에게서도 잘 나타납니다. 빈혈의 원인은 다양하지만 가장 주된 원인은 혈액소의 주재료인 철의 결핍입니다. 특히 소아기와 청소년기는 급격하게 성장하는 시기로, 철분 요구량이 급격히 증가합니다. 따라서 이 기간에 충분한 철분을 공급받지 않으면 빈혈이 생깁니다. 빈혈이 생기면 피의 생산을 담당하는 골수에도 이상이 생길 수 있습니다. 또한 뼈의 칼슘 조절능력과 조혈시스템에 이상이 생길 때 발생하는 백혈병도 같이 생기기 쉽습니다.

빈혈에 필요한 영양소

빈혈을 치료하려면 혈액의 구성 성분인 철의 섭취가 중요합니다. 이때 철의 흡수를 돕는 동물성 단백질과 비타민C를 함께 섭취하는 것이 좋습니다. 비타민C는 과일에 많이 함유되어 있으며, 특히 십이지장에서 철 흡수를 돕습니다. 비타민 B12와 B9(엽산) 역시 혈액 생성에 중요하므로 충분히 섭취하는 것이 좋습니다. 무엇보다 규칙적이고 균형 잡힌 식사를 통해 영양을 풍부하게 섭취하는 것이 빈혈 치료의 핵심이자 지름길입니다.

비타민B12는 악성빈혈을 예방해요

빈혈을 치료하려고 철분을 다량 섭취해도 차도가 없으면 비타민B12(시아노코발라민)이 결핍된 악성 빈혈일 가능성이 높으므로 이를 보충해주는 것이 좋습니다. 비타민B12는 모시조개, 바지락, 굴, 육류, 달걀, 우유 등에 풍부하게 들어 있습니다.

동물성단백질은 철의 흡수를 도와요

동물성단백질은 철의 흡수를 도와주며, 부족하면 골수에서 혈액을 만드는 기능이 저하될 수 있으므로 충분한 섭취를 권장합니다. 동물성 단백질이 포함된 음식으로는 육류, 우유, 어류, 달걀 등이 있습니다.

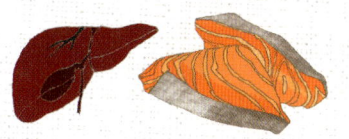

비타민C 복용 시 엽산을 충분히 보충해주세요

비타민C를 많이 복용하게 되면 엽산이 몸 밖으로 배출되므로 엽산 보충에 신경을 써야 합니다. 또한 술을 많이 먹는 사람도 엽산이 체내에서 고갈됩니다. 엽산이 포함된 음식으로는 간, 녹색채소, 연어 등이 있습니다.

혈액을 구성하는 철분을 충분히 섭취하세요

철은 혈액을 구성하고 있는 중요한 성분 가운데 하나입니다. 따라서 일정한 양을 섭취해야 합니다. 철이 풍부한 식품으로는 간, 굴, 달걀노른자, 살코기, 조개 등이 있습니다.

∨ 이런 음식은 피하세요

탄닌 탄닌은 철과 결합하여 철의 흡수를 방해하므로 식사 전후나 식사 중에 마시지 않도록 합니다. 담배도 식사 후 1시간 내에는 피우지 않는 것이 좋습니다. 탄닌이 포함된 식품으로는 커피, 녹차, 홍차 등이 있으며, 우리가 일상적으로 먹는 음식이기 때문에 쉽게 인지하기 힘듭니다. 그러나 식습관관리를 잘해야 빈혈을 치료할 수 있습니다.

로스트 덕 샐러드

빈혈로 기운이 없고 눈앞이 핑 돌 때, 오리고기는 부족한 혈액을 보충해주고 원기를 북돋아주는 역할을 합니다. 종합영양제인 시금치는 비타민 A, B, C, D, E와 엽산. 철분 등 영양소가 풍부하여 빈혈에 좋은 음식 가운데 하나입니다. 빈혈에 좋은 오리고기와 시금치. 그리고 여성에게 좋은 크랜베리로 만든 소스의 만남. '로스트 덕 샐러드'를 소개합니다.

재료 소개 | 2인분 기준

오리 훈제고기 400g, 버터 1큰술, 양파 1/2개,
홍피망 1/4개, 다진 마늘 약간, 녹말가루 1/2큰술,
물 1/4컵, 설탕 2큰술, 시금치 50g, 케일 50g,
크랜베리 10g, 로즈마리 약간, 소금·후추 약간씩

조리법

1 양파는 얇게 썰고, 홍피망은 잘게 썬다. 시금치와 케일은 먹
기 좋게 썰어놓는다.

2 달군 팬에 버터 반 큰술, 양파와 다진 마늘을 넣고 중간불에
서 진한 갈색이 될 때까지 볶는다. 익으면 작은 접시에 담아
녹말가루와 섞어놓는다.

3 양파를 볶았던 팬을 다시 달궈 오리 훈제고기를 익힌다.

4 오리고기가 익으면 접시에 덜고, 볶은 양파, 물, 홍피망을 넣
은 다음 중불에 1분 정도 끓인다.

5 설탕, 소금, 후추를 넣어서 간한다.

6 크랜베리, 로즈마리, 찬물에 갠 녹말가루를 넣고 소스가 걸쭉
　해질 때까지 끓인다.

7 소스가 준비되면, 다른 팬을 달군 후 남은 버터 반 큰술과 다
　듬어둔 케일, 시금치를 넣고 익힌다. 시금치가 익기 시작하면
　소금, 후추로 간한 뒤 준비한 접시에 올린다.

8 시금치 위에 오리고기를 얹고, 크랜베리 소스를 뿌려서 마
　무리한다.

여성에게 좋은 크랜베리

'서양의 빨간 보석'이라 불리는 크랜베리는 한국에는 많이 알려지지 않았지만, 세균에 의한 요로감염증을 치료하는 용도로 많이 사용되고
있습니다. 호주에서는 약국에서 요로감염증 약으로 크랜베리를 처방해줍니다. 요로감염증은 남성보다 여성이 걸릴 확률이 10배 높은데,
여성 요로감염증을 계속 방치해두면 합병증이 생길 위험이 있기 때문에 빨리 치료해야 합니다. 서양에서 크랜베리는 상처, 당뇨병, 설사의
치료와 괴혈병 예방 등 의료 목적으로 쓰입니다. 또한 암, 심혈관계 질환, 동맥경화 예방에 효과가 있는 것으로 알려져 있습니다. 인체의 자
연치유력을 높이는 효능도 있습니다.

한국 여성의 철분 부족

국민건강보험공단에서 2001년부터 2008년까지 분석한 내용에 따르면 우리나라 빈혈 환자 수는 27만 5,000명에서 44만 2,000명으로 60% 이상(연평균 7.0%) 증가했습니다. 특히 2008년 기준으로 여성 빈혈 환자가 남성보다 3.5배 더 많았다고 합니다. 빈혈 중에서도 '철 결핍성 빈혈'이 제일 많았습니다.

철분이 결핍되면 탈모도 생길 수 있습니다. 여성의 경우 전체 탈모 가운데 철분 부족으로 생긴 탈모가 절반 이상을 차지할 정도입니다.

또한 미국 튤린 대학 연구팀에 따르면 만성적으로 기침하는 여성에게는 기침약 대신 철분이 더 효과적이라고 합니다. 철분은 염증을 조절하는 면역계 단백질 생산을 조절하는 데 도움을 주는 반면, 부족하면 염증이 잘 발병하여 만성 기침을 유발합니다. 철분이 풍부한 달걀노른자, 굴, 바지락, 해조류, 견과류 등을 섭취해 우리 몸에 철분을 보충해주는 것은 어떨까요?

'생오리 허브구이'는 버터를 바른 두꺼운 돌판에 바질에 재운 생오리가 올라간다. 쫄깃한 오리고기에서 허브향과 바질향이 느껴지는 것이 특징이며, 맛은 매우 담백하다. '생오리 허브구이'에는 새송이버섯, 팽이버섯, 단호박, 양파, 감자 등이 함께 제공된다.

대학로 '오리식당'

대학로에 위치한 '오리식당'은 흙집 형태의 한옥으로, 토속적인 분위기를 느낄 수 있는 오리구이 전문점입니다. 웰빙음식이 트랜드인 요즘, 오리는 맛 좋은 보양식으로 각광받고 있습니다. 자체 제작한 돌판에 생오리 양념구이와 훈제 오리, 허브 오리 등 다양한 메뉴를 즐길 수 있습니다. 특히 훈제 오리와 동치미 국수로 구성된 점심 세트가 인기 메뉴며, 대구매운탕, 도토리묵과 같은 계절 메뉴도 판매하고 있습니다.
네팔에서 한국 음식점을 운영했던 대표가 직접 촬영한 네팔 현지 사진이 곳곳에 걸려 있어 구경하는 재미도 쏠쏠합니다.

대표 음식 오리고기
가격 생오리 허브구이(8,000원)
　　　　훈제 오리(10,000원)
영업시간 11:30~23:00
휴무 월요일
위치 서울시 종로구 명륜4가 116
전화번호 02-747-5292
주차 가능(유료)
팁 [점심 특선] 훈제 오리 + 무밥 혹은
　　볶음밥 혹은 동치미 국수

check
우리 동네 맛집 찾기

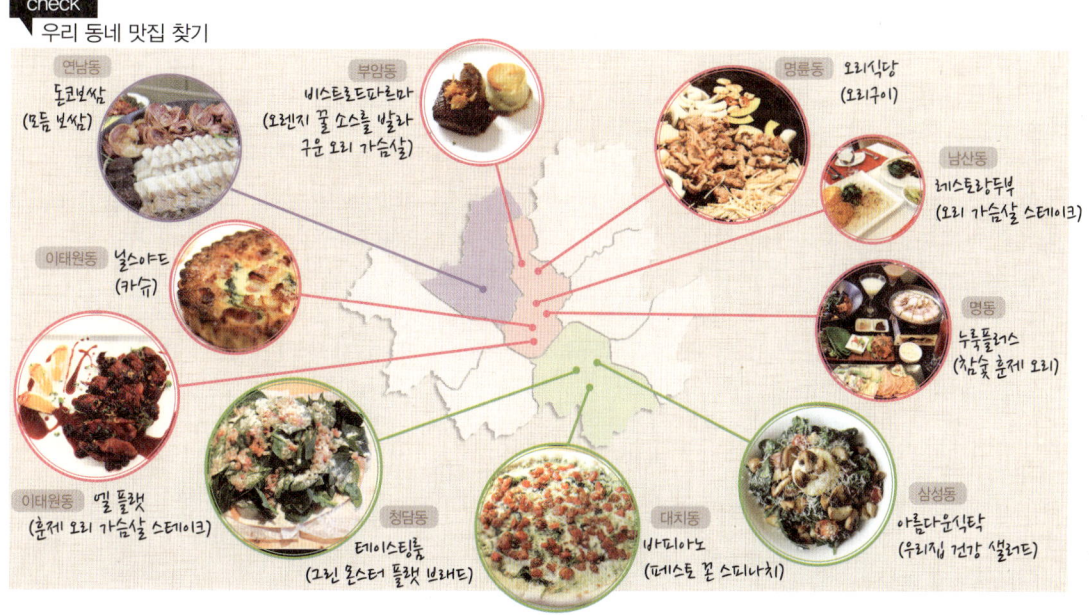

연남동
동코보쌈
(모듬 보쌈)

부암동
비스트로드판른마
(오렌지 꿀 소스를 발라 구운 오리 가슴살)

명륜동
오리식당
(오리구이)

남산동
레스토랑두부
(오리 가슴살 스테이크)

이태원동
널스야트
(카슈)

명동
누룩플러스
(참숯 훈제 오리)

이태원동
멜 플랫
(훈제 오리 가슴살 스테이크)

청담동
테이스팅룸
(그린 몬스터 플랫 브래드)

대치동
바피아노
(페스토 콘 스피나치)

삼성동
아름다운식탁
(우리집 건강 샐러드)

건조한 눈 때문에
렌즈를 낄 수 없다고~

안구건조증의 원인

찬바람이 불 때도, TV를 볼 때도 흐르는 눈물. 거기에 눈이 시리고 눈에 모래알이 들어간 듯 콕콕 쑤시는 느낌마저 든다면 안구건조증을 의심해봐야 합니다. 컴퓨터, 스마트폰, TV 등이 대중화되면서 우리는 더 많은 것을 보고, 눈은 더 많은 일을 하게 되었습니다. 휴식을 취하지 못해 피곤한 눈, 눈물이 부족한 눈은 안구건조증으로 발전합니다. 안구건조증을 치료하려면 평소의 습관 개선이 가장 중요합니다. 눈의 수분을 날려버리는 행위, 이를테면 사우나에 오래 있거나, 헤어드라이어를 오랜 시간 사용하거나, 렌즈를 장시간 끼우면 안구건조증이 생기고 악화될 수 있습니다. 건조한 환경에 자주 노출된다면 가습기를 통해 적절한 습도를 유지하고, 의식적으로 눈을 깜빡거려 눈의 수분을 유지해야 합니다.

안구건조증에 좋은 영양소

안구건조증을 예방하려면 눈의 피로를 덜어주고, 촉촉하게 유지해야 합니다. 비타민A, 루테인, 안토시아닌 등의 성분이 함유된 식품은 눈의 피로를 덜어줄 뿐만 아니라 전반적인 건강 유지와 암 예방에도 좋습니다.

눈에 좋은 비타민A를 많이 섭취하세요

비타민A는 눈의 피로를 예방하며, 충분히 섭취하지 못할 경우 야맹증, 안구건조증, 결막염 등 각종 안구 관련 질환이 발생할 수 있습니다. 간, 당근, 고구마, 토마토, 시금치에 특히 많이 함유되어 있습니다.

녹황색채소에 풍부하게 들어 있는 루테인도 눈 건강에 좋아요

루테인이란 자연계 색소 가운데 하나로, 항산화기능이 있습니다. 망막 중심에 있는 황반의 구성 성분이기도 한데, 황반은 물체를 알아보고 색을 구별하는 데 중요한 역할을 합니다. 또한 루테인은 눈병을 예방하고, 시력 개선을 돕는 기능도 있습니다. 양배추, 시금치, 브로콜리 등의 녹황색채소와 달걀노른자에 풍부하게 함유되어 있습니다.

안토시아닌이 풍부한 블루베리는 눈의 피로를 풀어줘요

눈에 좋은 과일로 잘 알려진 블루베리는 안구건조증이 있는 사람이 먹으면 큰 효과를 볼 수 있습니다. 블루베리에 다량 함유된 안토시아닌 성분이 눈의 피로를 풀어주기 때문입니다. 또한 블루베리에는 항암효과까지 있어 전반적인 건강 유지와 암 예방에도 좋습니다.

∨ 이런 음식은 피하세요

커피, 녹차, 홍차 커피, 녹차, 홍차는 이뇨작용을 촉진시켜 수분의 손실을 유발합니다.

매운음식 매운음식은 안구건조증을 악화시킬 수 있으니 섭취에 주의하는 것이 좋습니다.

블루베리 비빔밥

국내에 소개된 지 얼마 되지 않았지만 〈뉴욕타임즈〉 선정 세계 10대 건강식품으로 지정된 블루베리는 그 효능 때문에 많은 사람들에게 사랑받고 있습니다. 미국 농림부에서 실험한 결과 블루베리는 노화방지에 효과가 있으며, 블루베리에 있는 비타민C와 특히 껍질에 많은 안토시아닌 성분은 눈의 뻑뻑함과 안구건조증, 야맹증을 예방해준다고 합니다. 한국인에게 사랑받는 전통음식 비빔밥에 블루베리로 만든 특별한 소스를 더한 '블루베리 비빔밥'을 소개합니다.

재료 소개 | 2인분 기준

당근 1/4개, 시금치 50g, 달걀 1개, 느타리버섯 25g,
상추 3장, 양파 1/2개, 참기름 3큰술, 다진 마늘,
소금·후추 약간씩
블루베리 고추장 블루베리 20g, 고추장 2큰술,
참기름 1/2큰술, 설탕 1/2큰술

조리법

1 당근, 양파는 채썰고, 상추는 작게 썬다.

2 시금치는 끓는 물에 소금을 약간 넣고 살짝 데친 다음 물기를
빼고 소금, 마늘, 참기름으로 간한다.

3 달군 팬에 참기름을 두르고 양파를 볶는다.

4 달군 팬에 참기름을 두르고 당근을 볶는다. 소금을 약간 넣
고 간한다.

5 달군 팬에 참기름을 두르고, 느타리버섯을 볶는다. 소금과 후
  추를 약간 넣어 간한다.

6 달군 팬에 참기름을 두르고, 달걀프라이를 반숙한다.

7 (소스) 블루베리를 믹서에 갈고, 고추장 2큰술, 참기름 1/2큰
  술, 블루베리 1큰술, 설탕 1/2큰술을 넣고 섞는다.

8 조리된 재료를 가지런히 올리고 달걀프라이를 얹는다.

블루베리 이야기

블루베리는 100g당 57kcal로, 칼로리가 낮습니다.

암 예방 – 블루베리에 있는 항산화물질이 몸에 유해한 활성산소를 제거해 암을 예방합니다.

혈당 조절 – 연구에 따르면 블루베리에 들어 있는 클로로겐산(Chlorogenic acid)이 혈당을 낮춰주며 2타입 당뇨병 환자의 혈당치를 조절해줍니다.

혈액순환 원활 – 블루베리는 혈관을 보호하고 혈액순환을 원활하게 해주는 기능이 있습니다.

생블루베리는 신선하게 먹기 좋으며, 말린 블루베리는 수프나 스튜에 넣어 먹으면 맛있습니다. 또한 블루베리는 머핀, 파이, 치즈케이크 등의 디저트에 넣거나 과일 샐러드, 생과일 타르트, 아이스크림 등과 같이 먹어도 맛있습니다.

수제 블루베리 잼 만들기

1. 블루베리를 가볍게 행군 뒤 물기를 뺀다.

2. 냄비에 블루베리를 넣고 물기가 생길 때까지 끓인다.

3. 물기가 생기고 끓기 시작하면 설탕을 넣고 끓인다.

4. 레몬즙이 있다면 1작은술 넣고 졸인다.

   (잼에 필요한 펙틴이 레몬에 함유되어 있어 좋다).

5. 걸죽해진 블루베리를 소독한 병에 담는다.

크기가 작지만 달지 않고 블루베리가 씹히는 것을 느낄 수 있다.

이태원 '타르틴'

이태원의 작은 골목을 지나다 보면 찾을 수 있는 '타르틴'은 수제파이 전문점입니다. 외국 여성의 얼굴이 그려진 간판과 밖에서도 보이는 쇼케이스 안에는 군침도는 파이들로 가득합니다. '타르틴'의 가레트 셰프는 간판의 모델이기도 한 어머니에게 전수받은 정통 미국식 파이를 다양하게 선보입니다. 우리나라에서 유일하게 루바브(rhubarb) 파이를 맛볼 수 있는 곳이기도 합니다. 우리나라에서 '대황'이라고 불리는 루바브는 맛이 시고 향기가 있어 파이나 젤리, 잼으로 만들며 케이크 원료로 사용한답니다.

피칸 브라우니를 비롯해 블루베리 파이, 피칸 파이, 버터만으로 만든 파이, 5가지 베리가 들어가는 파이 등 최상급의 파이를 맛볼 수 있는 '타르틴'은 이태원의 고집 있는 맛집입니다.

대표 음식 블루베리 파이
가격 7,500원 L: 42,000원
영업시간 10:00~22:30
휴무 연중무휴
위치 서울시 용산구 이태원동 .119-15
전화번호 02-3785-3400
주차 불가능
팁 1,900원을 추가하면 아이스크림을 얹어준다. 카페 내에 머무를 수 있는 시간에 제약이 있기 때문에 포장을 권한다. 1호점과 2호점이 붙어 있다.

1. 외국 여성의 얼굴이 그려진 간판과 외관
2. 깔끔한 카페 내부
3. 가레트 셰프와 제빵사
4. 굽기 전의 파이 모습

check
우리 동네 맛집 찾기

연희동
제니스커피하우스
(블루베리 치즈케이크)

청파동
빈스쿡
(블루베리빙수)

수유동 카페로댕
(블루베리 스무디)

청파동
미앤노리
(블루베리 새우 튀김롤)

한남동 앨리스
(블루베리 팬케이크)

이태원동
타르틴
(블루베리 파이)

여의도동
밀리스파이
(블루베리 타르트)

서초동
프뤼잉
(블루베리 푸딩)

반포동
스케어가든
(블루베리 스무디)

신시동
카페오시정
(블루베리 에이드)

흐르는 콧물
누가 닦아 주나요~

비염의 원인

비염은 멈추지 않는 재채기와 콧물로 일상생활을 방해하는 만성 질병입니다. 비염에 걸리면 업무에 집중할 수 없을 뿐만 아니라 주변 사람들에게까지 피해를 주는 경우가 많아 곤욕스럽습니다. 비염은 소아의 경우 15% 이상, 성인의 경우 19% 이상이 앓는 매우 흔한 질병이며, 감염자가 계속해서 증가하는 추세입니다. 흔히 알레르기성 비염은 꽃가루가 날리는 봄철에 유행한다고 생각하지만 밤낮의 기온 차가 큰 환절기나 겨울철에도 심해집니다. 또한 비염은 콧속을 덮는 점막에 염증이 있는 상태에서 바이러스나 알레르기 유발 물질의 작용으로 발생합니다. 따라서 자신의 몸에 필요한 음식을 섭취해 바이러스에 대한 몸의 면역력을 키우고, 알레르기를 일으키는 음식은 피하는 것이 좋습니다.

비염 예방법

일반적으로 손을 깨끗이 씻는 것이 중요합니다. 또한 먼지, 급격한 온도 변화, 피로나 스트레스, 담배 연기나 매연 등의 비염 유발 요소를 피하는 것도 예방에 도움이 됩니다. 아침 저녁으로 식염수를 이용해 코 세척을 하는 것도 비염 예방에 좋습니다. 알레르기성 비염의 경우는 항원물질에 노출되지 않도록 주의해야 합니다. 면역력을 키우거나 몸을 따뜻하게 해주는 음식을 통해 비염을 예방할 수도 있습니다.

비염에 좋은 영양소

비염은 전체적인 생활습관을 개선하고 주변 환경에서 비염을 유발하는 요소들을 없애는 것이 중요합니다. 또한 몸의 면역력을 키우는 것도 비염 예방에 효과적입니다. 몸의 면역력을 키우려면 다양한 무기질과 비타민 등이 필요한데, 이는 녹황색채소와 과일을 통해 섭취할 수 있습니다.

면역력을 높이기 위해 녹황색채소를 섭취하세요

호박, 시금치, 양상추, 브로콜리, 풋고추, 깻잎, 호박잎, 배추 등 녹황색채소에는 다양한 비타민과 영양소가 풍부하게 들어 있어 면역력을 키워줍니다. 된장과 함께 섭취하면 된장의 면역력 증가 효과와 해독작용까지 얻을 수 있어 더욱 좋습니다.

뿌리 음식들은 폐 기능을 강화시켜요

폐 기능이 약해지면 비염 증상은 더욱 악화됩니다. 뿌리 음식들은 비타민 B1, B2, C가 풍부하여 면역력을 향상시키고 비염을 예방해줍니다. 대표적인 뿌리 음식으로는 도라지, 감자, 우엉, 연근 등이 있습니다.

몸을 따뜻하게 해주는 음식을 섭취하세요

비염에 걸렸을 때는 몸을 따뜻하게 해주는 것이 좋습니다. 몸이 차가워진다는 것은 폐를 포함한 신체기관들에도 찬 기운이 있다는 것이며, 이렇게 되면 제 기능을 발휘하기 힘듭니다. 몸을 따뜻하게 해주는 음식으로는 생강, 대주, 부추 등이 있습니다.

∨ 이런 음식은 피하세요

찬음식 아이스크림, 팥빙수, 얼음과 같이 차가운 음식은 몸의 면역력을 약화시킵니다. 또한 기관지의 평활근을 수축시켜 염증이 발생하기 쉬운 환경을 만듭니다. 따라서 찬음식은 피하고 따뜻한 음식을 섭취하는 것이 좋습니다.

인스턴트식품 과도한 인스턴트식품의 섭취는 영양소의 불균형으로 이어져 면역력이 빨리 떨어집니다. 또한 인스턴트식품에는 알레르기원 성분도 많이 포함되어 있어서 비염 증상을 악화시킬 수 있습니다.

도라지 된장 샤부 샐러드

멈추지 않는 재채기와 콧물로 힘들 때 도라지와 된장을 먹어보면 어떨까요? 비염에 좋은 음식으로 알려진 된장은 몸의 면역력을
높여주고 항암효과가 뛰어나며, 해독작용으로 몸에 쌓인 독소를 제거합니다. 도라지 또한 면역력을 높여주는 비타민C가 풍부하
게 들어 있어 원기 회복에 좋고 알레르기를 예방하는 효과가 있습니다. 비염에 좋은 도라지와 된장을 이용한 '도라지 된장 샤부
샐러드'를 소개합니다.

▌재료 소개 ┃ 2인분 기준

불고기용 소고기 400g, 생강 1톨, 청주 2큰술, 쑥갓 반 줌,
양상추 1/2개, 도라지 30g, 굵은 소금·참기름 약간씩
깨 된장 드레싱 통깨 2큰술, 된장 1/2큰술, 간장 1/3큰술,
물엿 2큰술, 식초 1.5큰술, 참기름 1/2큰술, 다진 마늘 약간

▌조리법

1 도라지를 미리 찬물에 불린 뒤, 불린 도라지를 칼 손잡이 끝
부분으로 넓적하게 두들겨준다. 양상추도 작게 자른 뒤 냉수
에 담가 싱싱하게 해둔다.

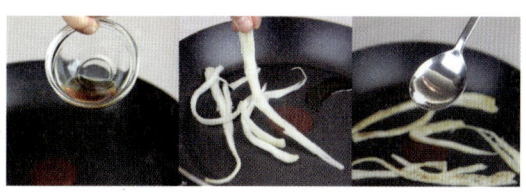

2 달군 팬에 참기름을 두르고 도라지를 볶은 뒤, 소금으로 간
한다(5분 정도 볶으면 간도 잘 배고 더 부드러워진다. 타지 않게 뒤
적여가며 볶는다).

3 냄비에 물을 붓고 생강 1톨을 넣고 끓인 뒤, 청주 2큰술을 넣
는다. 물이 끓으면 소고기를 살짝 데친다.

4 통깨 2큰술을 믹서로 곱게 간 다음 된장, 간장을 넣고 섞는다.

5 (드레싱) 깨 믹스에 물엿, 식초, 참기름, 다진 마늘을 섞어 드
레싱을 만든다.

6 준비한 접시에 양상추 몇 장과 돼지고기를 담고 구운 도라지
로 묶은 뒤, 위에 드레싱을 뿌리고 쑥갓으로 장식한다.

된장과 잘 어울리는 재료

부추 부추를 된장에 무쳐 먹으면 된장의 항암효과가 배가되고 구수한 된장의 맛과 부추의 향이 잘 어우러집니다.
육류 된장의 주성분인 단백질이 여러 냄새를 빨아들이는 성질이 있기 때문에 음식의 비린내를 없애는 데 효과적입니다. 육질을 부드럽게
하여 독특한 감칠맛을 낼 수 있습니다.

종로 '된장예술과 술'

종로에 위치한 '된장예술과 술'은 토종 된장을 맛볼 수 있는 된장 요리 전문점
입니다. 2005년 오픈 당시에는 '된장 명가'라는 상호로 시작했지만 식사를 한
손님들이 '된장 맛이 예술이야'라는 말과 함께 감탄하는 모습을 보고 상호명
을 바꾸었다고 합니다. 인사동에 '툇마루집된장예술'은 대표의 친오빠가, 대학
로 '솔나무길된장예술'은 동생이 운영하고 있습니다.
이곳에서는 토종 된장을 고집하고, 고추장으로 된장의 짠맛을 줄이며, 강된장
으로 간합니다. 정성이 가득한 된장을 넣어 비벼 먹는 '된장 비빔밥'은 10년 넘
게 이어가는 '된장예술과 술'의 인기 메뉴입니다.

대표 음식 된장 비빔밥
가격 7,000원
영업시간 11:00~23:00
위치 서울시 종로구 관철동12-7
전화번호 02-733-4516
주차 불가능
휴무 명절
팁 기본 반찬을 제외한 나물 반찬 넷은 매일 바뀐다. 천연재료만 사용한다. 옥수수, 둥글래, 보리밥으로 만든 숭늉은 식사 후 제공.

토종 된장을 고집하며 고추장 양념으로 짠 맛을 없애고, 강된장으로 간한다. '된장 비빔밥'에 들어가는 두부는 풀무원 두부만을 고집하며, 아낌없이 푸짐하게 넣어 깊은 맛을 느낄 수 있다. 된장과 함께 8~9가지 직접 만든 나물 반찬과 신선한 채소가 제공된다.

1. 다양한 나물반찬과 된장 비빔밥 2. 편안하고 토속적인 내부 분위기
3. 잘게 썬 야채와 된장을 넣으면 더 맛있게 먹을 수 있다.

check
우리 동네 맛집 찾기

연희동
조은집
(정식)

관훈동
초정
(된장 칼국수)

관철동
된장예술과 술
(된장 비빔밥)

공덕동
황톳길
(산채 비빔밥)

한남동 코카페고메홈
(코카페고메홈 비빔밥)

삼성동
쏘스루
(바질 페스토 파스타)

한강로
일들내장탕
(낙지 채소 비빔밥)

여의도동
주신정
(양푼 열무 된장)

반포동
이광호등심
(등심 된장찌개)

신사동
개성하우스
(골동반)

늘 피곤하고 만사가 귀찮아~

저혈압의 원인

일반적으로 저혈압은 수축기 혈압 120mmHg, 확장기 혈압 80mmHg 이하로 나오는 경우를 말합니다. 저혈압은 혈액이 제대로 순환하지 못해 뇌가 산소결핍 현상을 일으키는 것으로, 이로 인해 피곤함과 어지러움, 빈혈, 실신 증상을 겪기도 합니다. 우리 몸은 혈압이 낮아질 경우 생명 유지에 중요하지 않은 장기에 대한 혈액 공급을 줄이고 뇌, 심장 등 생명 유지에 중요한 장기로 혈액을 더 공급합니다. 이러한 방법으로 생명 유지를 하다가 보상 작용이 한계에 도달하면 결국 중요 장기에 대한 혈액 공급이 감소하고 기능 장애가 발생합니다.

저혈압은 신진대사 저하, 영양 부족, 호르몬 분비 이상, 혈관 노화 등 다양한 원인으로 발생하며, 평소 생활습관이나 식습관에 대해서도 깊이 생각해볼 필요가 있습니다.

저혈압에 좋은 영양소

저혈압을 개선하려면 적당량의 운동을 꾸준히 하는 게 좋습니다. 또한 물을 자주 섭취하는 것이 좋으며 편식을 피하고, 수분 섭취를 충분히 하며, 영양가 있는 식단으로 규칙적인 식사를 하는 것이 좋습니다.

체내에 칼슘을 공급해 혈압을 상승시키기 위해 유제품을 드세요

유제품은 치즈, 우유, 버터 등을 말하며, 체내에 칼슘을 공급해 혈압을 상승시키는 효과가 있습니다.

지방질이 적은 육류를 드세요

저혈압에 좋은 식이요법은 단백질이 풍부한 음식을 섭취하는 것입니다. 갈은 고기를 넣은 죽이나, 어류, 달걀 등을 섭취하는 것이 저혈압에 도움이 됩니다.

마늘은 신진대사를 활발하게 해줘요

마늘은 신진대사를 촉진하고, 저혈압 증세를 자주 나타내는 허약체질을 개선합니다. 또한 혈액순환을 돕고 내장을 따뜻하게 하며 생체기능을 높이는 효능이 있습니다. 단 위궤양, 십이지장궤양 증세가 있거나 눈병에 걸렸을 때는 과식하지 않도록 합니다.

혈액순환을 원활하게 해주는 검은콩

검은콩은 리놀렌산이라는 성분이 함유되어 있습니다. 이 성분은 콜레스테롤이 축적되지 않도록 도와주며, 혈액순환을 원활하게 해주는 역할을 합니다.

∨ 이런 음식은 피하세요

야채주스 야채주스는 칼륨 함유 식품이기 때문에 혈압을 떨어뜨립니다.
녹두와 메밀 녹두와 메밀은 우리 몸을 차게 만드는 성분을 포함하고 있습니다.

사천식 샐러리 돼지고기 볶음
(라 주로우 친차이)

샐러리에는 섬유질과 칼슘, 마그네슘이 들어 있어 조혈작용을 하고, 그 독특한 향은 식욕 증진, 정신 안정, 두통 경감에 효과적입니다. 프탈라이드(phthalide)라는 성분 때문에 독특한 향이 나는데, 이 성분은 혈관 벽을 부드럽게 하여 혈액순환을 원활하게 합니다. 생강은 몸의 혈액순환과 신진대사를 촉진하여 몸이 따뜻해지도록 도와주며, 특히 저혈압을 예방하고 완화시키는 데 좋습니다.

▌재료 소개 | 2인분 기준

식용유 2큰술, 돼지고기 150g, 생강 1개, 마늘 2개,
홍고추 1개, 샐러리 3개, 미림 1큰술, 간장 1큰술,
설탕 1/3큰술, 소금·후추 약간씩

▌조리법

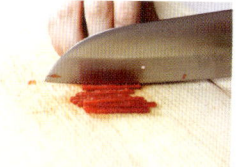

1 샐러리, 홍고추는 3~4cm 길이로 길게 썬다.

2 마늘과 생강은 얇게 저민다.

3 달군 팬에 식용유를 두르고, 돼지고기를 3분 정도 익힌다.

4 생강, 마늘, 고추를 넣고 2분간 더 볶는다.

5 샐러리, 미림, 간장을 넣고 볶아준다.

6 설탕, 소금, 후추를 넣고 간한다.

샐러리와 함께 먹으면 좋아요!

사과 샐러리의 독특한 향은 혈액순환을 원활하게 하고 정신을 안정시킵니다. 그리고 사과의 유기산은 신진대사를 좋게 합니다. 그러므로 둘을 함께 먹으면 몸과 마음이 평안해지고, 피를 맑게 하며, 혈액순환이 원활해지고, 스트레스가 풀립니다. 함께 갈아 생즙으로 마시면 효과가 더욱 좋습니다.

꿀 샐러리의 독특한 향처럼 꿀도 심신을 편안하게 해줍니다. 그러므로 둘을 함께 먹으면 불면증이나 고혈압 때문에 생기는 두통에 효과가 있습니다. 샐러리, 청경채, 오이를 함께 갈아 꿀로 단맛을 조절해서 마시면 혈압을 낮추는 데 좋습니다.

압구정 '세시셀라'

압구정에 위치한 '세시셀라'는 건강한 식재료가 들어간 디저트와 맛있는 커피로 유명한 캐주얼 카페랍니다. '세시셀라'는 불어로 '이것저것'이라는 뜻이며, 이름처럼 식사 메뉴, 디저트 메뉴, 음료 등 다양한 메뉴를 이것저것 즐길 수 있습니다. '세시셀라'의 모든 커피는 에스프레소 2샷이 기본이고, 무선 인터넷 사용이 가능하며, 커피나 다른 음료에 들어가는 우유를 저지방우유나 두유로 바꿀 수 있습니다. 이곳의 샌드위치는 정용진 신세계 부회장의 트위터를 통해 유명세를 탔을 정도로 인기가 많습니다. 건강을 생각해 만든 '샐러리 배 스무디'는 샐러리와 달콤한 배를 갈아 만든 웰빙음료로, 특히 여성들에게 반응이 좋습니다.

대표 음식 샐러리 배 스무디
가격 9,000원
영업시간 10:00~22:50
휴무 명절
위치 서울시 강남구 신사동 651-4
전화번호 02-3448-7100
주차 가능
팁 당근케이크의 원조집이라고 할 정도로
유명하다. 늦게 가면 당근케이크가 다 팔
려서 없다.

샐러리와 배를 함께 갈
아 만든 스무디로 배의
달콤함과 샐러리의 쌉쌀
함이 조화를 이루며, 배
의 알갱이들이 씹혀 신
선함을 더한다. 다이어
트 채소로도 유명한 샐
러리와 수분이 많은 배
로 만들기 때문에 여성
들에게 인기가 많다.

유럽의 카페에 온 듯한 느낌을 주는 내부

---

check
우리 동네 맛집 찾기

명륜동
더밥
(콩비지)

동선동
마늘과올리브
(고르곤졸라 크림 피자)

부암동
자하손만두
(콩국수)

냉천동
한옥집
(김치찜)

소격동
코인
(검은콩빙수)

청담동
미멜
(갈릭 안초비 파스타)

관훈동
지대방
(생강차)

신사동
세시셀라
(샐러리 배 스무디)

역삼동
베이커스필드
(오곡라떼)

대치동
피양콩할마니
(콩국수)

아, 뒷골이야~

고혈압의 원인

자주 뒷목이 당기고 두통을 느낀다거나 가슴이 두근거리고 얼굴에 열이 오르는 느낌이 든다면 고혈압을 의심해봐야 합니다. 고혈압은 초기에 특별한 증상이 나타나지 않아 발견하지 못하는 경우가 많습니다. 그러나 이는 심혈관 관련 질환으로, 꾸준히 관리하지 않으면 생명의 위협을 받을 수도 있습니다. 따라서 건강 검진으로 혈압 상태를 주기적으로 점검하는 것이 좋습니다. 고혈압은 혈압이 일정 압력 이상으로 유지되어 발생하는 병으로, 오랜 시간에 걸쳐 천천히 발병하는 것이 특징입니다. 나이가 많은 사람, 비만인 사람, 당뇨병에 걸린 사람들에게 많이 일어나는 병이기도 합니다.

고혈압의 가장 큰 원인은 동맥의 탄력 감소입니다. 우리 몸속의 동맥은 정상적인 경우 일정한 탄력을 유지하면서 혈액을 원활하게 공급하는데, 노화 등으로 인해 동맥의 탄력이 감소하면 혈액의 전달이 어려워지고 혈압이 높아집니다. 고혈압은 수술이나 약물 치료 등으로 한 번에 고치기 어려운 병입니다. 따라서 지속적인 관리가 필요합니다. 특히 동맥경화로 생긴 고혈압의 경우 콜레스테롤, 지방과 같은 성분의 섭취에 주의해야 하며 식이요법이 치료에 큰 영향을 미칩니다.

고혈압 환자에게 필요한 영양소

고혈압 환자들은 혈액순환을 돕는 영양소와 심장 등 순환기관에 좋은 영양소를 섭취하는 것이 좋습니다. 염분, 지방 등이 많은 식품은 피하고, 필요 이상으로 많은 음식을 먹는 것도 고혈압의 원인이 되므로 자제하는 편이 좋습니다.

칼륨은 심장질환에 좋아요

칼륨은 심장질환에 효능이 있으므로, 순환기질환인 고혈압 치료에 좋습니다. 바나나, 다래, 곶감, 부추, 미나리, 마늘 등에 다량 함유되어 있습니다.

뽕잎은 식후 고혈압을 억제해요

뽕잎에는 혈압 강하 물질인 GABA 성분이 풍부해 고혈압을 완화시키고 콜레스테롤과 중성지질을 떨어뜨립니다. 또한 모세혈관 강하 물질인 루틴과 혈당 강하신물질인 DNJ 성분이 풍부해 식후 고혈압을 억제하는 효과가 있습니다.

칡은 혈압을 낮춰요

칡의 성분 중 하나인 나이드제인은 심장의 혈관을 확장하고 핏속의 잔여 질소량을 줄이므로 고지혈증·고혈압·협심증 환자 70~80%에 치료효과가 있습니다. 또한 칡의 플라보노이드 성분은 혈압을 낮추고 뇌혈관 및 관상동맥의 혈류량을 높입니다. 아울러 심근의 산소소비량을 낮추고 핏속 산소공급량을 높여 혈액순환에 좋습니다.

식이섬유는 체내 나트륨을 배출해요

과일류와 해조류 등에 들어 있는 식이섬유는 체내에서 나트륨을 배출시키는 작용을 하여 염분으로 인한 혈압 상승을 억제합니다. 다시마, 더덕, 쑥, 옥수수 등에 풍부합니다.

대추는 혈액순환 개선에 좋아요

대추의 성분 중 시토스타놀은 고지혈증 등에 효과가 있으며 사이클릭 AMP는 뇌혈관 확장이나 혈액순환 및 근육신경기능 개선에 효과가 있습니다.

∨ 이런 음식은 피하세요

염분이 많은 음식 염분은 혈압을 상승시키며, 과하게 섭취하면 소화기에도 무리를 줍니다.

동물성지방 동물성지방이 풍부한 육류를 많이 섭취하면 혈관에 지방이 쌓이게 되어 동맥경화를 유발할 수 있습니다. 따라서 섭취에 주의해야 합니다.

카페인이 든 음식 커피, 홍차, 콜라 등에 다량 함유된 카페인은 우리 몸을 흥분시키는 각성제 성분이 함유되어 있어 심장 박동을 빠르게 합니다. 심장 박동이 빨라지면 혈액순환이 증가하여 혈압의 상승을 초래합니다. 따라서 고혈압 환자는 반드시 피해야 합니다.

메밀 부리토

주룩주룩 내리는 빗줄기에 부침개가 생각나는 날, 막상 먹자니 칼로리가 부담됩니다. 이때 칼로리 부담을 덜어주는 메밀로 만든 멕시코 전통음식, 부리토는 어떨까요? 메밀은 저칼로리식품으로만 알려져 있는데, 사실 필수 영양소 20가지 가운데 하나인 '라이신'이 들어 있습니다. 식물성단백질인 라이신은 우리 몸에서 혈액 흐름을 원활하게 해줍니다. 또한 메밀에 들어 있는 비타민P는 모세혈관을 튼튼하게 해주고, 루틴은 모세혈관이 약해지는 것을 방지하며 혈관을 강화하고 혈액순환을 원활하게 해줍니다. 이처럼 고혈압에 좋은 성분이 골고루 들어 있는 메밀로 부리토를 만들어볼까요?

▌재료 소개 ㅣ 2인분 기준

메밀가루 100g, 물 3큰술, 소금 약간, 올리브유 3큰술,
닭가슴살 1개, 청피망 1개, 양파 1/2개, 피자 치즈 50g
선택 재료 얇게 채썬 양상추 30g, 잘게 다진 토마토 1/4개,
플레인 요구르트 2큰술
닭 볶음 소스 청주 2큰술, 간장 1큰술, 굴 소스 1큰술,
물 1/3컵, 다진 마늘 1개, 생강 약간, 다진 풋고추 1개

▌조리법

1 메밀가루를 소금으로 간하고 물을 넣어가며 묽게 잘 섞는다.

2 달군 팬에 식용유를 두르고 메밀 반죽을 떠넣은 다음, 얇고 둥
글게 펴준다. 연한 갈색이 될 때까지 익히고, 뒤집어서 반대쪽
도 연한 갈색이 될 때끼지 잘 익힌다.

3 닭가슴살은 먹기 좋게 자르고, 청피망과 양파는 채썰고, 풋고
추는 잘게 썬다.

4 달군 팬에 올리브유를 두른 다음 닭가슴살, 청피망, 양파를 넣
고 중간불에서 5분 정도 닭가슴살에서 나온 국물이 깨끗해
질 때까지 익힌다.

5 청주, 간장, 굴 소스, 물을 넣고 볶는다.

6 다진 마늘, 생강, 풋고추를 넣고 잘 섞은 뒤, 1~2분 정도 더
　익힌다.

7 메밀전 위에 닭 볶음을 올린다.

8 치즈를 뿌려 둥글게 만 다음, 달군 팬에 남은 올리브유를 두
　르고 1~2분 정도 치즈가 녹을 때까지 익힌다.

부리토 이야기

멕시코에서 부리토는 밀로 만든 토티야 안에 튀긴 콩이나 고기만 넣고 말아서 먹는 음식입니다. 멕시코 혁명 때 토티야로 매우 유명했던 치
와와(Chihuahua)라는 마을에서 간편한 음식을 먹으려고 만들었다고 합니다. 부리토를 만들었던 사람은 당나귀(burro) 위에 바구니를 얹고 그
안에 부리토를 담아 날랐다는 이야기가 있습니다. 그들이 1930년경에 미국 캘리포니아로 건너가 부리토를 전했고, 미국으로 건너간 뒤에
멕시칸 스타일 쌀이나 흰 쌀밥, 콩, 양상추, 살사 소스, 고기, 아보카도, 치즈, 사워 크림(sour cream) 등 다양한 재료가 들어가게 되었습니다.
또한 멕시코 부리토에 비해 더 커졌다고 합니다.

소설 '메밀꽃 필 무렵'의 봉평 '메밀'

한해살이 풀인 메밀은 씨앗을 뿌린 후 그 결실을 거두는 기간이 60∼80일로 여느 식량작물에 비해 짧습니다. 거친 땅에서도 잘 자라며 병과 벌레가 잘 생기지 않는 특성 덕에 우리 민족이 이 땅에서 수천 년을 버티는 데 큰 역할을 하였습니다. 봄에 작물을 심었다가 자연재해로 거둘 것이 없을 지경이 되면 논밭을 갈아엎고 메밀을 심었는데, 서리 내리기 전 70일 정도의 기간만 있으면 메밀을 거둘 수 있었기 때문입니다. 이 같은 구황작물로서의 이미지 탓에 메밀은 과거 강원도 산골의 가난한 농가에서나 먹는 것으로 여겼습니다. 그러나 최근에는 그 영양적 가치가 재조명되면서 건강 음식으로 인기를 얻고 있습니다.

소설 《메밀꽃 필 무렵》의 배경이 되는 봉평은 강원도 평창군에 있는 면 단위의 조그만 산골 마을입니다. 소설 속의 메밀밭 풍경 묘사가 아름다워 온 국민이 봉평에 대한 '문화적 향수'를 지니고 있으며 메밀 하면 으레 봉평을 떠올립니다. 그러나 처음부터 봉평에 메밀 농사가 유명했던 것은 아닙니다. 요즘 문학에 대한 향수를 찾아 전국에서 관광객이 모여들어, 봉평의 논밭과 도로변이 온통 메밀꽃으로 장식되었고, 봉평산 메밀에 대한 수요가 급증하여 농가 소득에도 크게 기여하고 있습니다.

하얀 메밀의 맛

메밀 음식 가운데 흔히 먹는 것이 막국수와 평양냉면, 그리고 일본식 소바입니다. 그 면의 색깔은 대부분 거무스레한데, 그 이유를 아시나요? 메밀에서 우리가 먹는 부위는 씨앗의 씨젖입니다. 겉껍데기를 벗기면 씨젖이 나오는데, 색깔이 하얗습니다. 속껍질까지 분쇄하면 흐린 회색이 돌기는 하지만, 메밀가루는 전반적으로 하얗습니다. 막국수와 평양냉면, 소바 등의 면이 거무스레한 것은 겉껍데기까지 갈아넣었기 때문입니다. 메밀 함량이 극히 떨어지고 밀가루 함량이 대부분을 차지하는 일부 메밀국수의 경우 그 색깔을 더하기 위해 색소며 곡물 태운 가루를 넣기도 합니다. 메밀은 찰기가 적어 힘이 없고 씹는 맛이 덜하므로 20∼30% 밀가루를 섞어 면을 뽑는 것이 일반적인데, 이 정도여도 메밀의 향은 충분히 구수하고 곱습니다.

광화문 '미진'

1954년에 문을 연 메밀국수 전문점 '미진'은 아름다울 '미'에 나아갈 '진'을 써 '아름답게 나아가자'는 뜻을 담고 있습니다. 특별함보다는 편안함을 중요시하는 '미진'은 내부에 넉넉한 좌석이 마련되어 있으며 밝은 톤의 벽지를 사용해 전체적으로 밝고 깨끗한 분위기가 묻어납니다.

50년 전통의 변함없는 맛과 넉넉한 인심이 있는 미진의 대표 메뉴는 냉메밀과 메밀전병입니다. 메밀면을 적셔 먹는 국물은 멸치, 다시마, 가다랑어포, 파, 무, 생강, 쑥갓 등 13가지 재료를 넣고 만듭니다. 그 국물에 간 무, 파, 김을 넣어 먹으면 깊은 맛과 더불어 시원하고 담백한 맛을 즐길 수 있답니다. 주전자로 제공되는 국물은 무한 리필이 가능해 단골들 사이에서 반응이 좋습니다. 메밀로 만든 전병에 돼지고기, 두부, 무말랭이와 갖가지 채소를 넣어 돌돌 말은 메밀전병 또한 별미입니다.

메밀로 만든 전병에 돼지고기, 두부, 무말랭이와 갖가지 채소를 넣어 돌돌 말아 나온다. 전병은 쫄깃하면서 부드러우며 속이 꽉 차 있어 식감이 좋고, 맛은 전체적으로 짭조름하다.

대표 음식 메밀전병
가격 5,000원
영업시간 7:00〜1:00
휴무 명절
위치 서울시 종로구 종로1가 24 1F
　　　(르메이에르 1층)
전화번호 02-730-6198
주차 불가능
팁 양념장에 찍어먹어도 좋지만, 열무김치를 얹어 먹어도 맛있다.

1. 먹음직스러운 보쌈과 메밀국수, 메밀 전병　　2. 넓고 깔끔한 내부 모습

check
우리 동네 맛집 찾기

종로1가
미진
(메밀전병)

낙원동
소금인형
(메밀차)

관훈동
지대방
(솔잎차)

서소문동
유림면
(메밀국수)

남창동
부원면옥
(평양냉면)

신당동
만포막국수
(비빔막국수)

명일동
수요일
(수정과빙수)

신사동
카페오시정
(홍시 요거트)

반포동
담장옆에국화꽃
(단호박 고구마 맛탕)

삼성동
경성냉면
(들꽃 칡냉면)

Chapter 3
연애의 적

김혜수의 가슴이
부러워~

작은 가슴의 원인

가슴은 여성의 자존심이 담긴 신체부위입니다. 많은 여성들이 볼륨 있고 탱탱한 가슴을 원하지만, 동양 여성은 그렇지 못한 경우가 많습니다. 작은 가슴은 콤플렉스가 되어 자신감을 떨어뜨리고 스트레스를 주어 위축시킵니다.

작은 가슴은 주로 호르몬 때문입니다. 2차 성징이 일어나는 사춘기 시절 여성 호르몬이 덜 분비되거나, 여성에게 남성 호르몬이 과하게 분비되는 경우 가슴이 충분히 발육되지 않습니다.

탱탱하고 볼륨 있는 가슴을 만들려면 식이요법 외에 마사지, 로션 등을 이용한 방법도 있습니다. 극단적인 경우 실리콘이나 지방을 주입하는 수술을 통해 큰 가슴을 만들기도 합니다. 하지만 이는 부작용을 낳거나 관리가 어려우므로 피하는 것이 좋습니다.

작은 가슴에 좋은 영양소

가슴을 탱탱하고 볼륨 있게 유지하려면 단백질과 여성 호르몬이 다량 함유된 음식을 먹는 것이 좋습니다. 또한 피부의 탄력을 유지해주는 콜라겐이 함유된 음식도 좋습니다.

단백질이 풍부한 닭가슴살은 가슴 근육을 발달시켜요

다이어트를 할 때 주로 섭취하는 닭가슴살은 칼로리가 낮아 살찔 걱정이 없으
며, 높은 단백질 함량으로 가슴 근육을 발달시켜 볼륨 있는 가슴을 만드는 데
뛰어난 효과가 있습니다.

석류와 검은콩에는 여성 호르몬이 풍부해요

여성 호르몬을 함유한 석류와 검은콩에는 유선을 발달시키는 성분이 들어 있습
니다. 유선 발달은 가슴 성장을 도와줍니다.

자몽은 가슴 발육을 도와줘요

자몽에 풍부한 비타민 C와 P는 손상된 가슴조직을 재생해주며, 가슴 발육을 촉
진합니다.

당근은 가슴이 처지는 것을 막아줘요

당근의 카로틴 성분은 가슴을 지지해주는 쿠퍼스 인대의 피로를 예방해 가슴이
처지지 않게 도와줍니다.

사과와 딸기에도 여성 호르몬이 풍부해요

사과와 딸기에는 노화방지와 탄력 유지에 탁월한 비타민C가 풍부하고 여성 호
르몬이 많이 함유돼 있어 가슴이 커지는 데 도움이 됩니다.

콜라겐은 탱탱한 가슴을 만들어줘요

콜라겐이 함유된 음식은 탄력 있고 탱탱한 가슴을 만드는 데 도움을 줍니다. 돼
지껍데기와 사골에 특히 많이 들어 있습니다.

∨ 이런 음식은 피하세요

트랜스지방이 많은 인스턴트식품, 카페인이 많이 함유된 커피나 탄산음료의 경우 호르몬 활동을 방해해 피부노화를 촉진하므로 가슴이 처
지는 원인이 됩니다.

검은콩 딸기 스무디

작은 가슴 때문에 고민하는 여성들이 많습니다. 특히 여름철 가슴을 당당히 펴고 다니고 싶은데 자꾸만 위축되서 속상합니다. 가슴 성장에는 단백질과 식물성 에스트로겐을 얼마나 섭취하느냐가 중요합니다. 단백질은 근육을 구성하는 성분으로 가슴 근육을 발달시키는 데 도움을 주고, 식물성 에스트로겐은 여성 호르몬 분비를 촉진시켜 가슴 성장을 촉진시키는 역할을 하기 때문입니다. 검은콩에는 단백질과 식물성 에스트로겐이 풍부하게 함유되어 있습니다. 또한 항암효과가 있는 제니스틴 성분이 들어 있어 유방암의 치료와 예방에도 도움을 줍니다. 가슴도 키워주고 딸기에 풍부하게 들어 있는 비타민C로 일상에 상큼함까지 더해주는 '검은콩 딸기 스무디'를 소개합니다.

▌재료 소개 ┃ 2인분 기준

작은 딸기 5개, 키위 1개, 당근 1/3개, 사과 1/4개,
우유 1컵, 꿀 1큰술, 삶은 검은콩 1큰술

▌조리법

1 검은콩을 5분간 약한불에 볶은 다음 믹서에 간다.

2 키위는 껍질을 벗겨 4등분하고, 당근은 3등분, 사과는 4등
  분한다.

3 믹서에 당근, 사과, 키위, 딸기를 넣는다.

4 검은콩가루, 꿀, 우유를 넣고 갈아준다.

딸기와 팥으로 만든 싱그러운 봄의 맛 '딸기 & 팥 샐러드'

재료: 삶은 팥 50g, 딸기 150g, 쪽파 2개(다진 것), 라임주스 1큰술, 다진 로즈마리 1큰술, 꿀 1/2큰술, 올리브유 1.5큰술

조리법: 모든 재료를 준비한 샐러드 볼에 넣고 섞는다.

바삭한 파이지, 바닐라빈의 부드러운 크림, 딸기의 상큼한 맛이 매력적이다.

여의도 '폴'

한국에서 유일하게 여의도에 입점한 '폴'. 1889년에 문을 연 '폴'은 프랑스의 유명 베이커리 카페 겸 레스토랑으로 현재 프랑스 전역에서 330개가 넘는 매장을 운영하고 있습니다. 정통 프랑스 컨츄리 스타일의 빵과 고급스럽고 다양한 디저트 등을 제공하고, 간단한 프랑스식 요리를 선보입니다. 또한 고전적이고 옛스러운 조각품과 소품들이 프랑스 특유의 분위기를 연출하고, 매장 내 위치한 나무 화덕에서 직접 구워내는 빵의 내음이 어우러져 오감을 자극합니다. 이러한 컨셉은 디자인과 인테리어의 전문 분야에서 오랜 시간 연구하여 얻어 낸 결과로, 전 세계의 '폴' 어디를 가든 그 분위기를 느낄 수 있습니다.

대표 음식 타르트레트 프레즈
가격 7,500원
영업시간 7:00～22:00
휴무 명절 당일
위치 서울시 영등포구 여의도동 28-3
전화번호 02-2070-3000
주차 가능
팁 유기농 밀을 쓰고 원재료는 프랑스에서 100% 공수해온다. 테이블에서 먹을 때 10% 추가요금이 생긴다. 생과일만 사용하기 때문에 여름과 가을에는 제철 과일로 대체된다.

> check
> 우리 동네 맛집 찾기

합정동
당고집
(딸기 팥당고)

명동
코인
(검은콩빙수)

소격동
희동아엄마다
(딸기 작은 떡)

여의도동
폴
(타르트레트 프레즈)

명동
누룩플러스
(딸기 막걸리)

신사동
세시셀라
(딸기 바나나 스무디)

서초동
프뤼엥
(딸기 푸딩)

신사동
더플라잉팬화이트
(페어레이더)

삼성동
페코티룸
(딸기빙수)

데오드란트 없는 여름은
상상할 수 없어~

액취증의 원인

여름철이면 팔을 올릴 수 없게 하는 액취증. 심한 사람은 사회생활에 지장을 받으므로 심각하게 고민합니다. 액취증은 흔히 '겨드랑내' 혹은 '암내'라고도 불리며, 일반적으로 데오드란트 제품을 사용해 냄새를 줄이거나 심한 경우 수술하기도 합니다.

액취증은 '아포크린 땀샘'에서 나오는 분비물 때문에 발생합니다. 아포크린 땀샘은 사춘기 이후부터 땀 분비를 시작하는데 원래는 무균 상태로, 냄새가 나지 않습니다. 피부 표면에서 '그람양성세균'이 분해하면서 악취가 나는 것입니다. 액취증은 주로 땀이 많이 나는 증상인 '다한증'으로부터 발병한다고 합니다.

주로 발바닥과 겨드랑이에 발생하며, 일반적으로 남자보다는 여자에게, 마른 사람보다는 뚱뚱한 사람에게 흔히 발생합니다. 또한 생리 전후에 빈번하게 발생하며, 폐경기 이후에는 냄새가 나지 않습니다. 액취증은 평소 청결한 겨드랑이 상태를 유지하는 생활습관을 통해 개선될 수 있습니다. 또한 평소 체내의 땀을 억제하거나 냄새를 제거하는 데 도움이 되는 음식을 섭취하는 것이 좋습니다.

액취증 치료를 도와주는 영양소

비타민A에는 피부의 신진대사를 원활하게 하는 성분이 들어 있습니다. 원활한 신진대사는 세균이나 바이러스에 대한 저항력을 길러줍니다. 비타민E에는 지독한 냄새의 원인인 과산화지질을 억제하는 성분이 들어 있습니다.

비타민A는 바이러스에 의한 악취를 예방해줘요

비타민A에는 피부의 신진대사를 원활하게 하는 성분이 있습니다. 또한 세균과 바이러스에 대한 저항력을 길러주어, 박테리아와 바이러스로 생기는 악취를 예방하는 효과가 있습니다. 비타민A가 함유된 식품으로는 당근, 녹황색채소와 과일 등이 있습니다.

비타민E는 냄새 예방에 탁월해요

비타민E에는 지독한 냄새의 주원인인 과산화지질을 억제하는 성분이 있어, 액취증으로 인한 냄새 예방에 탁월합니다. 비타민E가 함유된 식품으로는, 쌀, 깨, 당근, 시금치 등이 있습니다.

녹황색채소를 많이 섭취하세요

녹황색채소에 들어 있는 비타민은 박테리아 등 세균에 대한 저항력을 키워주며, 악취를 막아 액취증 치료를 도와줍니다.

레몬은 땀을 억제해요

레몬에는 땀 억제, 냄새 제거, 살균작용을 하는 성분이 들어 있습니다. 백반을 이용한 핸드메이드 레몬 로션을 만들어 사용하는 것도 땀 냄새를 없애는 데 도움이 됩니다. 특히 백반에 들어 있는 금속류가 냄새 성분을 제거하고 땀샘을 막는다고 하여 로마시대부터 땀을 억제하는 성분으로 쓰였다고 합니다.

∨ 이런 음식은 피하세요

고지방식품 적당한 지방 섭취는 호르몬 생성에 중요한 역할을 하지만, 과도하게 섭취할 경우 냄새를 더욱 강하게 합니다. 액취증 환자의 경우 육류 위주의 식사나 달걀, 우유, 치즈 등 고지방 음식은 섭취하지 않는 편이 좋습니다.

단호박 시금치밥

칼로리가 낮아 다이어트식품으로 사랑받는 단호박(100g당 29kcal)은 포만감을 주고 배설을 촉진해 부종에 도움을 줄 뿐만 아니라 지방 축적도 막아줍니다. 그밖에도 피부의 신진대사를 원활하게 해주는 비타민A가 들어 있어 세균과 바이러스에 대한 저항력을 키워주므로 이로 인한 악취도 예방합니다. 한편 '젊어지는 비타민'으로 불리는 비타민E가 함유된 시금치는 악취 발생의 원인이 되는 과산화지질의 증가를 억제합니다. 액취증에 좋은 메뉴, '단호박 시금치밥'을 소개합니다.

재료 소개 | 2인분 기준

단호박 1/4개, 시금치 20g, 쌀 150g
양념장 된장 2큰술, 매실청 2큰술, 물 3큰술
들기름 1큰술, 설탕 1/2큰술, 다진 마늘 약간

조리법

1 단호박을 깨끗하게 씻은 후 씨를 제거하고 껍질을 벗긴 다음, 적당한 크기로 썬다. 시금치는 깨끗하게 씻은 다음 뿌리 부분을 잘라 다듬는다.

2 쌀을 씻어 평소대로 물을 넣고, 준비해둔 단호박과 시금치를 얹어 밥을 짓는다(단호박과 시금치는 수분이 많지 않기 때문에 평소 밥물 양으로 충분하다).

3 **(양념장)** 된장에 매실청과 들기름을 넣고 잘 섞는다.

4 설탕, 다진 마늘, 물을 넣고 양념장을 만든다. 식성에 따라 청양고추를 다져 넣는다.

남자와 여자의 냄새가 다른 이유

남자와 여자의 냄새가 다르다는 사실을 알고 있나요? 이는 체내 성호르몬 농도가 다르기 때문입니다. '악취 가능성'은 남성보다 여성이 훨씬 적습니다. 남자는 땀을 통해 남성 호르몬을 분비하는데, 이때 '안드로스테놀'과 '안드로스테논'이라는 두 가지 남성 호르몬 분해물이 특별한 역할을 합니다. 사향이나 백단향나무 냄새 같은 안드로스테놀, 일명 '키스 호르몬' 냄새는 여성에게 비교적 좋게 인식되고 친밀감을 느끼게 해주며 모성애를 자극합니다. 반면 소변 냄새가 나는 안드로스테논 냄새는 여자에게 고약한 악취로 느껴집니다. 여자도 남자처럼 겨드랑이 땀을 통해 안드로스테놀과 안드로스테논이 분비되지만 그 양은 남자보다 5~6배가량 적습니다. 그래서 남자보다 여자에게 더 좋은 냄새가 나는 것입니다. 그 대신 여성은 질을 통해 '코퓰린'이라는 유인 물질을 발산합니다. 코퓰린은 여러 가지 아로마 향이 나는 휘발성 지방산과 아세트산으로 이루어진 질 분비물로, 월경주기에 따라 분비량이 달라집니다.

이태원 '코카페고메홈'

2010년 12월에 문을 연 '코카페고메홈'은 이태원에 위치한 한국 전통음식점 '고메홈'에 카페를 접목한 캐주얼 한식 전문점입니다. '고메홈'은 '미식가'라는 뜻의 프랑스어 'Gourmet'과 'Home'의 합성어로, '미식가들의 안식처'라는 뜻입니다. 여기에 한국을 강조하려고 앞에 'Korea Cafe'를 붙여 'Ko-Cafe Gome Home'이라는 이름이 탄생했습니다.

한식을 어렵게 생각하는 젊은 층과 외국인들을 위해 음식을 새롭게 조합하여 간단하고 편안하게 선보이고 있습니다. 또한 종종 무료 시식회와 시음회 이벤트를 열어 다양한 한식을 알리는 데도 앞장서고 있습니다. 한식의 새로운 도약을 꿈꾸는 '코카페고메홈'에서 건강한 한식과 디저트를 즐겨보세요.

대표 음식 단호박 찰밥
　　　　　　(단호박 찰밥과 잡채 콤보)
가격 15,000원
영업시간 10:30~22:00
　　　　　　금, 토~23:30
　　　　　　(마지막 주문 21시,
　　　　　　금, 토 마지막 주문 22시)
휴무 연중무휴
위치 서울시 용산구 한남동 736-9
전화번호 02-798-4565
주차 불가능
팁 약선요리의 대가 박희자 박사가 조미료를 사용하지 않고 저염식으로 개발한 한정식 퓨전 메뉴를 판매한다. 주문은 셀프 계산대로 가서 선불로 한다.

가장 인기 있는 메뉴. 단호박 찰밥. 무척 담백하며, 찰밥에 곤드레가 들어가 있다. 조미료 맛, 짠음식에 길들여져 있다면 싱거울 수도 있다.

1. 넓고 탁 트인 내부 2. 단호박 찰밥
3. 캐주얼한 분위기로 남녀노소 불문하고 많은 사람들이 온다.

check
우리 동네 맛집 찾기

소공동 숲
(단호박꿀라떼)

신영동
송스키친
(단호박 해물 떡볶이)

수유동
카페로담
(단호박라떼)

관훈동
반짝반짝빛나는
(단호박 스무디)

화양동
보스코
(단호박 파스타)

이태원동
널스야드
(카슈)

한남동
코카페고메홈
(단호박 찰밥과 잡채)

청담동
뜨리앙
(단호박 피자)

삼성동
아름다운식탁
(우리 집 건강 샐러드)

청담동
테이스팅룸
(그린몬스터플랫브랜드)

땀 때문에
화장이 다 지워져~

다한증의 원인

조금만 더워도, 심지어 덥지 않은데도 땀이 나거나, 항상 손이 축축해 악수하기가 두렵고 축축한 양말 때문에 신발 벗기가 두렵다면 다한증에 걸린 것입니다. 다한증은 땀분비가 과도하게 일어나는 증상을 말하며 주로 손바닥, 발바닥, 팔다리의 접히는 부분, 겨드랑이 등에서 나타납니다. 다한증의 원인은 여러 가지입니다. 신체질환에 의한 합병증 때문일 수도 있으며, 정신적 긴장이나 고도의 집중력을 요하는 일에 따른 스트레스 때문에 발생할 수도 있습니다.

다한증은 몸에 열이 많은 사람의 경우 발생할 확률이 더 높습니다. 따라서 인삼, 홍삼 등 몸을 뜨겁게 하는 음식을 피하고, 양말 등을 자주 갈아 신으면서 건조함을 유지하는 것이 좋습니다.

다한증에 좋은 영양소

다한증은 심할 경우 사회생활에 불편을 초래합니다. 땀이 나는 단순한 증상 외에도 냄새나 외모에 영향을 미치기 때문입니다. 따라서 치료가 필요하며, 어지럼증이나 스트레스를 완화하는 성분이 함유된 음식, 그리고 체내에 발생하는 열을 줄여주는 음식을 섭취하는 게 매우 중요합니다.

녹두는 땀 발생을 억제해요

녹두는 땀 발생을 억제하고 어지럼증을 방지하며, 스트레스를 완화해주는 성분
이 들어 있어 우리 몸을 편안하고 안정감 있게 유지해줍니다. 또한 체내에 쌓인
노폐물 제거에도 효과적입니다.

황기는 체내 열을 내려줘요

황기는 체내에 발생한 열을 내리는 효과가 매우 뛰어납니다. 또한 땀 발생을 막
아주어 다한증을 억제합니다.

참깨는 땀이 많이 나는 사람에게 좋아요

참깨는 다한증 예방에 매우 좋은 음식으로, 땀이 많이 나거나 기력이 약해 힘을
제대로 쓰지 못하는 사람에게 좋습니다.

칡은 열을 내리고 갈증을 풀어줘요

칡은 열을 내리고 갈증을 해소하는 역할을 하므로 다한증 환자에게 좋습니다.
또한 소화를 도와주므로 위에 좋은 음식이기도 합니다.

오미자는 땀을 줄여 줘요

오미자에는 땀 분비량을 줄이는 성분이 함유되어 있어 다한증 치료와 예방에
좋습니다.

∨ 이런 음식은 피하세요

커피 커피는 이뇨작용을 촉진시키므로 운동 시 땀의 분비를 촉진할 수 있습니다.

탄산음료와 패스트푸드 탄산음료와 패스트푸드는 혈액순환을 방해하며, 감정 조절과 스트레스 해소에도 좋지 않은 영향을 끼치므
로 피하는 것이 좋습니다.

녹두 슬로

다한증 예방에 좋은 녹두. 녹두는 땀이 나거나 머리가 어지러운 증상을 완화함으로써 우리 몸을 편안하고 안정감 있게 유지해줍니다. 또한 체내에 쌓인 노폐물 제거에도 탁월합니다. 녹두와 양배추, 적양배추, 배추에 상큼한 라임 드레싱으로 맛을 낸 '녹두 슬로'를 소개합니다.

■ 재료 소개 | 2인분 기준

배추 1/5개, 적양배추 1/5개, 양배추 1/5개, 새싹 20g,
케일 20g, 녹두 20g, 구운 땅콩 10g

라임 드레싱 라임 주스 1큰술, 간장 1큰술, 참기름 1큰술,
꿀 1큰술, 현미식초 1큰술, 소금·후추 약간씩

■ 조리법

1 녹두를 찬물에 2시간 정도 미리 불린다. 불린 녹두를 부드러
  워질 때까지 끓인다.

2 배추와 양배추, 적양배추, 케일을 먹기 좋게 다진다.

3 (드레싱) 라임주스, 간장, 참기름을 넣고 섞는다.

4 꿀, 현미식초, 소금, 후추를 넣고 잘 섞어 드레싱을 만든다.

5 배추와 적양배추, 양배추, 케일을 섞는다.

6 녹두, 새싹, 구운 땅콩을 넣고 잘 섞어준다. 그 위에 드레싱
  을 뿌려 30분 정도 양념이 배도록 두었다가 준비한 그릇에
  담는다.

녹두를 먹을 때 주의점

녹두와 함께 먹으면 좋은 팥 녹두와 팥은 성질이 차가워서 당뇨로 인해 홍조가 심하거나 염증 때문에 소변을 잘 보지 못하는 경우 함께 먹으
면 좋습니다.

광화문 '열차집'

'비가 오면 생각나는 그 음식' 하나로 60년 세월을 이어온 '열차집'은 정말 대단한 음식점입니다. 메뉴라고는 소박하기 그지없는 빈대떡과 굴전, 파전, 두부, 조개탕이 전부며, 화려한 인테리어나 대단한 서비스 같은 건 없습니다. 그러나 마지막까지 피맛골을 지키다가 2010년 2월 종각역 인근에 다시 문을 열었는데도 여전히 발 디딜 틈 없이 문전성시를 이루는 곳입니다. '열차집'의 빈대떡은 돼지기름으로 부치는 것이 특징입니다. 녹두를 손수 갈아 만든 반죽에 양배추를 넣고 불판에 직접 만든 돼지기름을 두른 다음, 반죽을 올리고 여기에 돼지고기를 넣어 부치는 빈대떡은 바삭함과 고소함이 생생하게 살아 있답니다.

빈대떡만큼은 옛맛 그대로 유지하기 위해 돼지기름을 사용한다.

대표 음식 빈대떡
가격 10,000원
영업시간 10:00~23:00
휴무 명절
위치 서울시 종로구 공평동 130-1
전화번호 02-734-2849
주차 불가능
팁 빈대떡에는 어리굴젓과 절인 양파가 함께 나온다. 고소한 빈대떡에 짭조름한 어리굴젓을 올려 먹는 것 또한 최고의 맛.

1. 향수를 자극하는 내부 인테리어
2. 녹두를 가는 맷돌
3. 한상 푸짐한 빈대떡

check
우리 동네 맛집 찾기

공평동
열차집
(빈대떡)

인사동
아름다운차박물관
(발효 칡 꽃차)

관훈동
지대방
(오미자차)

창천동
송아저씨빈대떡
(녹두전)

낙원동
소금인형
(오미자빙수)

당주동
초원
(녹두죽)

장충동
대장금
(약선 녹두 닭)

남창동
부원면옥
(빈대떡)

삼성동
경성냉면
(들꽃 칡냉면)

신당동
만포막국수
(접시 빈대떡)

검은색 정장 위로
하얀 눈이 소복히~

비듬의 원인

머릿속은 말할 것도 없고, 항상 어깨 위에 눈처럼 소복하게 쌓이는 하얀 가루. 매일 머리를 감아도 쉽게 없어지지 않는 비듬은 일상의 스트레스입니다. 비듬의 원인으로는 피지선의 과다 분비, 호르몬의 불균형, 두피세포의 과다 증식 등이 있습니다. 최근에는 스트레스, 환경오염, 과도한 다이어트 등도 비듬의 원인이 될 수 있다는 연구결과가 나왔습니다. 직접적인 두피 문제나 환경적 요인 외에도 변비, 위장 장애, 영양 불균형, 샴푸 후 남은 찌꺼기 등도 비듬과 관련 있다고 합니다. 또한 비듬은 다른 피부질환과 함께 발생하기도 합니다. 비듬의 치료와 예방에는 평소 습관이 매우 중요합니다. 염색, 파마 등은 두피를 상하게 하므로 비듬의 발생 확률을 높이며, 머리를 긁는 습관 역시 두피에 상처를 내어 비듬을 악화시킵니다.

비듬 치료에 필요한 영양소

비듬 있는 사람들은 기름진 음식을 피하는 것이 좋습니다. 비듬 치료에는 요오드, 미네랄, 단백질 등이 좋으며, 혈액순환을 원활히 해주는 비타민E나 불포화지방산도 도움이 됩니다.

다시마와 미역은 두피에 영양을 줘요

요오드가 풍부한 해조류는 탈모 예방에 좋으며, 두피에 영양을 불어넣어 비듬
치료와 예방에 좋습니다. 특히 다시마에는 피로 회복, 노화방지, 피부미용을 돕
는 성분이 들어 있습니다.

검은콩에는 단백질이 풍부해요

검은콩에는 단백질과 비타민E가 풍부합니다. 모발을 형성하는 주요 성분 가운
데 하나가 단백질이며, 비타민E는 두피에 영양을 공급하는 역할을 합니다.

혈액순환을 도와주는 호두

호두는 비타민B1과 비타민E가 풍부하게 들어 있어 혈액순환을 돕고 피부와 모
발에 영양을 골고루 주어 비듬 예방 외에도 탈모를 방지하고 발모를 촉진합니다.

비듬에 좋은 단백질식품 청국장

단백질 섭취량이 줄어들어 발생한 비듬에는 대표 단백질식품인 청국장이 효과
적이랍니다.

우유를 섭취하면 자연치유력이 강화돼요

우유를 섭취하면 자연치유력이 강화되고 건강한 두피 및 머릿결에도 효과가 있습
니다. 또한 단백질, 칼슘, 미네랄 등이 풍부하여 전반적인 건강 유지에 좋습니다.

∨ 이런 음식은 피하세요

기름진 음식 기름진 음식을 많이 섭취하면 혈관계질환이 생길 수 있으며, 두피에 있는 피지선의 비대를 일으킵니다. 피지선이 비대해
지면 모근의 활동을 저해하는 요인이 되며, 비듬의 생성 또한 촉진하게 됩니다.

염분이 많은 음식 과도한 나트륨은 고혈압을 유발시키며, 혈액순환 장애를 일으키므로 두피에 해롭습니다.

청국장 미고랭

미고랭은 면을 뜻하는 '미(mie)'와 볶음을 의미하는 '고랭(goring)'의 합성어입니다. 즉 '볶은 면'이라는 뜻으로, 인도네시아에서 시작되었습니다. 보통 토마토, 양파, 두부, 치킨, 달걀 등을 넣고 칠리 소스로 양념하는데 매콤한 맛이 나 한국인의 입맛에도 잘 맞습니다. 이번 메뉴의 주제는 비듬입니다. 단백질 섭취량이 줄어들면 비듬 발생률이 높아집니다. 따라서 단백질이 많은 음식을 자주 섭취하면 좋은데, 특히 콩이 들어간 청국장은 비듬을 없애는 데 효과적입니다. 맛있는 인도네시아 음식인 미고랭과 비듬에 좋은 청국장을 이용해 만든 '청국장 미고랭'을 소개합니다.

▌재료 소개 ┃ 2인분 기준

쌀국수 100g(일단 찬물에 20분 정도 불린다. 다른 면도 괜찮다),
닭가슴살 1개, 청주 2큰술, 식용유 2/3큰술, 양파 1/3개,
다진 마늘 1개, 숙주나물 50g, 실파 25g, 청국장 1큰술,
간장 2큰술, 황설탕 1.5큰술, 고춧가루 2/3큰술, 달걀 2개,
소금·후추 약간씩, 두부 50g
토핑 다진 땅콩 2큰술, 레몬주스 약간

▌조리법

1 결대로 자른 닭고기를 소금, 후추로 간하고 청주에 담가 냄
새를 제거한다.

2 양파는 채썰고, 두부는 물기를 제거한 뒤 네모나게 썰고, 실
파는 5cm 길이로 썬다.

3 끓는 물에 쌀국수를 20~25초 정도 삶는다.

4 팬에 식용유를 두르고, 달걀을 풀어 스크램블을 만든다.

5 팬에 남은 식용유를 두르고 마늘을 볶다가 닭가슴살, 양파 를 넣는다.

6 쌀국수면을 넣고 청국장, 간장, 황설탕, 고춧가루와 함께 볶 는다.

7 익으면 숙주, 실파, 두부를 넣고 재빨리 볶다가 달걀을 넣어 마무리한다(기호에 따라 땅콩을 뿌리거나 레몬주스를 넣어도 좋다).

청국장, 오래 익히면 안 돼요!

청국장은 된장과 더불어 비듬에도 탁월한 효과가 있지만 특히 항암효과로 유명합니다. 청국장에 있는 '제니스테인'이라는 물질은 암에 탁 월한 효과를 보이고, '사포닌'이라는 성분도 암 예방에 도움을 줍니다. 이처럼 몸에 좋은 각종 효소와 영양분이 살아 있는 청국장은 5분 이 상 끓이면 미생물과 몸에 좋은 효소가 완전히 파괴됩니다. 이를 최소화하려면 재료를 모두 끓여놓고 불을 끈 뒤 마지막에 청국장을 넣어주 면 됩니다. 이렇게 하면 처음부터 청국장을 넣고 끓인 것과 맛은 같으면서 생청국장의 미생물과 효소를 그대로 먹을 수 있습니다.

청국장의 유래

청국장은 삶은 콩을 뜨거운 곳에서 발효시켜 누룩곰팡이가 생기도록 만든 속성 장류입니다. 된장은 발효시켜 먹기까지 몇 달이 걸리지만 청국장은 담가서 2~3일이면 먹을 수 있습니다. 청국장은 풍미가 특이하고 영양가도 높으며 소화가 잘될 뿐만 아니라 콩 단백질을 가장 효과적으로 섭취할 수 있는 음식입니다.

청국장은 어떻게 만들어졌을까요?

옛 사람들은 식량 대용으로 삶은 콩을 말 안장 안쪽에 매달고 다니며 먹었답니다. 그 삶은 콩이 말 체온으로 발효가 되어 청국장이 되었습니다. 청국장이란 말은 《유중림의 증보산림경제》(1766년)라는 책에 '전장에서 2~3일 만에 쉽게 만들어 먹을 수 있어서 전국장이라 한다'라는 말이 나와 있습니다. 전국장이 입에서 입으로 전해지며 청국장이 되었습니다. 또한 이 책에는 '콩을 잘 씻은 후 고섭(볏집)에 잘 싸서 따뜻한 곳에 3일간 두면 생실(生絲)이 난다'고 기록돼 있습니다.

청국장은 일반 된장보다 쉽게 만들어 먹을 수 있지만 냄새가 고약합니다. 이 냄새는 청국장 속의 고초균이 번식하여 아미노산을 분해할 때 생기는 암모니아 때문입니다. 그러나 냄새는 고약해도 이 암모니아는 다른 잡균의 번식을 억제하여 청국장이 상하지 않게 하는 역할을 합니다. 청국장을 발효시키는 역할을 하는 고초균(枯草菌)이 번식하여 단백질을 분해하는 효소를 분비하는데 이 효소작용으로 콩 단백질이 아미노산으로 분해되어 콩 단백질의 소화와 흡수를 도와줍니다. 또한 이 효소는 엉긴 피를 녹이는 역할도 하기 때문에 피를 깨끗이 하는 작용도 합니다. 그밖에도 고초균은 장내 부패 균의 활동을 억제하고 간장의 해독작용을 촉진시키는 등 효능이 많이 밝혀지고 있습니다. 이와 같은 기능으로 청국장은 전 국민이 애용하는 음식이 되었습니다.

국산콩을 직접 갈아서 만든 아이스크림이 올라간 검은콩빙수. 검은콩 소스와 우유 소스가 뿌려져 담백하고 고소한 맛을 한층 더 업그레이드한다. 달콤한 팥과 쫄깃한 찹쌀떡, 그리고 바삭하고 고소한 견과류가 가득 들어 있어 식감이 좋다.

명동 '코인'

'코인'은 커피와 빙수로 유명한 명동의 터줏대감 카페입니다. 특히 직접 만든 녹차 아이스크림과 검은콩 아이스크림을 활용한 빙수가 인기 있습니다. 명동 끝자락에 위치한 카페 '코인'은 시대의 흐름을 타지 않는 한결같은 매력으로 어필합니다. 호텔학을 전공한 대표가 호텔에서 근무하던 중 유럽 스타일의 분위기와 호텔 수준의 서비스를 제공하는 카페를 운영하고 싶어 가게를 열었다고 합니다. 그래서인지 이곳은 마치 유럽의 고급 저택을 연상시킵니다. 3층까지 있는 넓은 내부는 손님의 다양한 취향을 배려해 각각 다른 느낌으로 인테리어를 했습니다. 1층은 목재의자와 테이블을 사용하고 2층은 쇼파, 3층은 테라스로 구성했습니다.

사람이 가장 편안함을 느끼는 나무 소재를 사용해 인테리어를 했기 때문에 전체적으로 따뜻하고 은은한 분위기를 풍기며 창 사이로 들어오는 따스한 햇빛이 넓은 공간을 환하게 감쌉니다.

대표 음식 검은콩빙수
가격 15,000원
영업시간 10:30~23:30
휴무 명절
위치 서울 중구 명동2가 54-20
전화번호 02-753-1667
주차 가능
팁 빙수에 올라가는 아이스크림은 모두 수제 고급 아이스크림이다. 넓은 내부는 흡연석과 금연석이 나뉘어 있다.

check
우리 동네 맛집 찾기

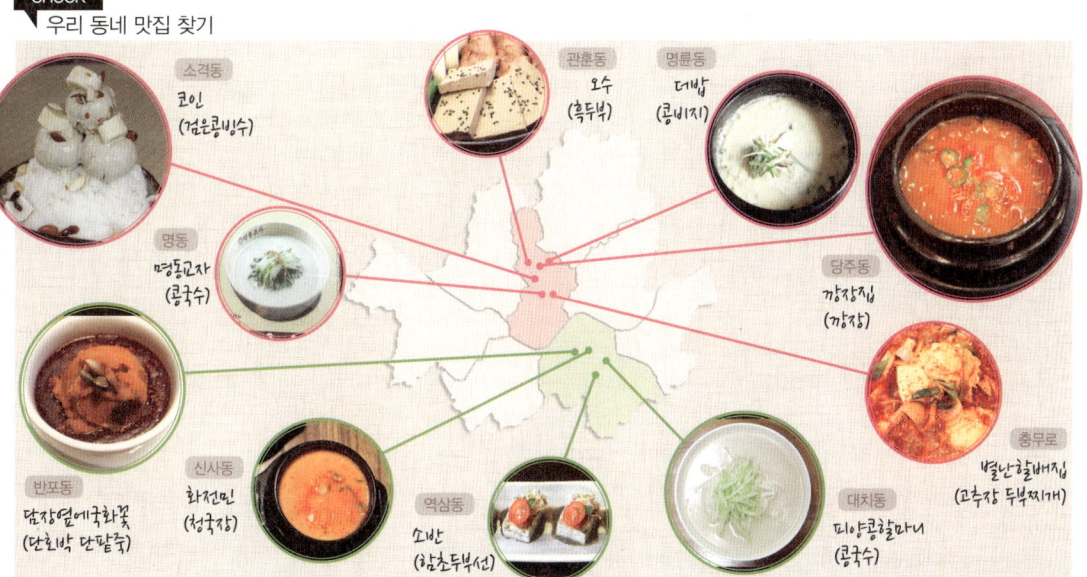

소격동
코인
(검은콩빙수)

관훈동
오수
(순두부)

명륜동
더밥
(콩비지)

명동
명동교자
(콩국수)

당주동
깡장집
(깡장)

반포동
담장옆에국화꽃
(단호박 단팥죽)

신사동
화전민
(청국장)

역삼동
소반
(함초두부선)

대치동
따양콩술마니
(콩국수)

충무로
별난홀홀배집
(고추장 두부찌개)

샌들 신기가
두려워~

무좀의 원인

무좀은 누구나 한 번쯤 겪는 대표적 피부진균증입니다. 피부진균증이란 진균, 즉 곰팡이 때문에 발생하는 피부질환입니다. 쉽게 말해 무좀이란 발에 곰팡이가 자란 것입니다. 발가락 사이가 가렵고 짓무르며, 불쾌한 냄새까지 동반한다면 양말 벗기가 두렵고 남에게 말하기도 껄끄럽습니다. 무좀은 다른 곰팡이와 마찬가지로 온도가 높고 습기가 많은 환경에서 잘 자라므로 주로 여름철에 잘 발생합니다. 발에 땀이 많거나 목욕 후 발을 잘 말리지 않을 경우, 또 꽉 끼는 양말이나 신발을 착용하게 되면 무좀이 악화됩니다. 게다가 전염성이 강해 직접적인 피부 접촉, 수영장·공중목욕탕의 발수건, 신발 등을 통해 감염될 수 있습니다. 또한 습도가 높은 환경에 발이 계속 노출되면 발병 위험이 높아지며 당뇨병, 만성질환이 있는 경우 피부의 손상된 틈을 통해 감염될 확률이 더 높습니다. 무좀은 방치하면 심해질 수 있으므로 항상 신경 쓰면서 발을 청결하게 유지해야 합니다.

무좀에 좋은 영양소

무좀은 곰팡이균에 감염되어 발병하는 증상이므로 향균효과와 살균작용에 도움을 주는 음식과 영양소를 섭취하는 것이 좋습니다. 매실의 구연산과 식초 등에 살균효과가 있습니다.

알로에는 항균효과가 뛰어나요

알로에는 '아보레센스'라는 성분이 들어 있는데, 항균효과가 뛰어나 무좀 치료에 좋습니다.

매실의 구연산은 살균작용을 해요

매실에 함유된 구연산 성분은 살균작용이 뛰어나, 무좀 치료에 효과가 있습니다.

마늘의 알리신 성분도 살균작용을 해요

마늘에 다량 함유된 알리신 성분은 살균작용이 뛰어납니다. 따라서 마늘을 꾸준히 섭취하면 무좀 치료에 도움이 됩니다.

삼백초에는 강력한 살균효능이 있어요

삼백초는 해독과 이뇨작용을 하여 신장염과 부종 등의 치료약으로 쓰입니다. 또한 강력한 살균작용을 하기 때문에 무좀 치료에도 좋습니다.

∨ 이런 음식은 피하세요

매운음식 땀이 나는 매운음식을 섭취하면, 시원한 느낌에 스트레스가 날아가는 것처럼 느껴지지만, 발에도 땀이 나므로 무좀에 좋지 않습니다.

술, 담배 등 간은 더 심각한 위협부터 인지하고 대처합니다. 즉 술, 담배 등을 하면 이로 인한 부담을 모두 대적한 후에 피부의 곰팡이와 대적합니다. 이 때문에 체질적으로 간이 약한 사람이 술, 담배를 많이 하게 되면 간이 술, 담배와 싸우느라 지쳐서 곰팡이를 상대할 여력이 없기 때문에 무좀에 잘 걸립니다. 따라서 피하는 것이 좋습니다.

숙주잡채밥

피부에 대한 체내 면역력이 떨어지면 무좀이 생길 수 있습니다. 이럴 때 면역력을 높이는 비타민B6가 다량 함유된 숙주나물은 어떨까요? 우리 몸에 비타민B6가 부족하면 알레르기 증상이 나타나거나 면역기능이 약해지는데, 숙주에 함유된 비타민B6는 우유의 24배나 됩니다. 면역능력을 길러 무좀을 예방해주는 숙주나물이 들어간 '숙주잡채밥'을 소개합니다.

▌재료 소개 ┃ 2인분 기준

숙주나물 100g, 표고버섯 2개, 당근 1/4개, 양파 1/4개,
양배추 50g, 유부 2장, 청피망 1/4개, 조림간장 1큰술,
굴 소스 1큰술, 소금·후추 약간, 식용유 약간

▌조리법

1 숙주나물을 손질하고, 당근, 양파, 청피망을 얇게 썬다.

2 양배추, 표고버섯을 채썬다.

3 유부는 끓는 물에 살짝 데친 후 길게 썬다.

4 달군 팬에 식용유를 두른 뒤 당근과 양파를 볶는다.

5 양파가 익으면 청피망, 양배추, 숙주나물을 넣고 볶는다.

6 표고버섯, 유부를 넣고 볶는다.

7 조림간장 1큰술, 굴 소스 1큰술을 넣은 뒤 소금, 후추로 간하
 고 밥 위에 적당량을 올린다.

잡채의 역사

잡채는 모양도 예쁘고 맛있어 누구나 좋아하는 음식입니다. 조선시대 광해군 시절 이충이란 사람이 궁에서 잔치를 열 때 수라상에 올리면
서 처음 시작되었다고 합니다. 오이, 무, 석이버섯, 표고버섯, 송이버섯 등 야채와 버섯을 섞어 만들었는데, 당시에는 지금처럼 당면이 들어
가지 않고 야채만 넣었습니다. 잡채에 당면이 들어가기 시작한 것은 1919년에 당면을 만드는 공장이 처음 생긴 이후로, 이제는 잡채 하면
당면이 제일 먼저 떠오를 정도로 빼놓을 수 없는 재료가 되었습니다.

 ## 숙주나물 이야기

숙주나물 무침은 요즘에는 밥상에 흔히 오르는 반찬 가운데 하나지만, 조선시대에는 봄이나 여름철 어른의 생신날 아침상이나 돌날 점심에 손님들에게 대접하는 국수상에 올리던 중요한 반찬이었습니다. 숙주나물은 녹두를 콩나물처럼 시루에 담고 물을 주어 기른 것입니다. 단백질 대사에 관여하는 비타민B6가 많이 함유돼 있어 면역기능을 강화하고, 간 기능을 회복하는 데 탁월한 효과가 있습니다. 또한 몸속의 열기를 내려 갈증을 해소하고 이뇨작용을 촉진해 유해물질을 빨리 내보내므로 몸이 붓고 배가 더부룩해지는 것을 막아줍니다.

숙주나물을 요리할 때 날로 먹으면 풀맛이 약간 납니다. 그러나 너무 익히면 축 늘어지므로 아삭아삭하고, 약간 흙냄새가 나고, 향긋한 단맛이 날 때까지만 살짝 익히는 것이 중요합니다.

청담동 '파파호'

청담동에 있는 '파파호'는 베트남 음식 전문점입니다. 베트남에서 3대째 쌀국수집을 운영하는 한 할머님에게 레시피를 전수받았으며, 안형용 점장과 '파파호' 식구들은 다년간의 노력 끝에 베트남 현지 맛이 잘 살아 있고, 우리네 입맛에도 딱 맞는 음식을 선보이게 됐습니다. 매년 베트남에 나가 음식 공부를 하면서 새로운 시도를 늦추지 않는 '파파호' 식구들의 음식에 대한 긍지와 열정은 대단합니다. 철저한 위생관리를 위해 주방을 공개했고, 손님이 원하면 조리과정도 보여주는 등 손님 밀착형 서비스를 실시합니다.

'파파호'의 인기 메뉴로는 '쌀국수, 반세오, 짜져, 뿌팟뿡 커리'를 꼽을 수 있습니다. '쌀국수'의 포인트는 진하고 담백한 국물입니다. 소고기를 충분히 끓여 국물을 낸 후 약재와 각종 채소를 넣고 소금으로 간한 육수는 베트남 특유의 풍미가 잘 살아 있습니다. 태국에서 공수해온 면을 삶아 그릇에 넣고 숙주, 양파, 실파, 삶은 쇠고기를 토핑으로 올린 쌀국수는 든든한 한 끼 식사로 손색 없습니다.

대표 음식 쌀국수
가격 소고기 쌀국수 9,000원
　　　모둠 쌀국수 14,000원
영업시간 11:00~23:00
휴무 명절 당일
위치 서울시 강남구 청담동
　　　68-19 1F
전화번호 02-517-6885
주차 가능(유료)
팁 파파호의 볶음밥에 '뿌팟뽕 커리' 소스를 넣으면 더욱 맛있게 먹을 수 있다.

육수는 소고기를 5시간 끓여서 우린 후 간을 맞추며, 당일 식자재로 신선하게 만든다. 쌀국수 면은 직접 태국에서 공수해온다. 두툼하고 푸짐한 고명도 눈길을 끈다.

check
우리 동네 맛집 찾기

창천동
차돌박히쭈꾸미
(차쭈 볶음밥)

관훈동
지대방
(석류차)

관훈동
귀천
(매실차)

여의도동
란나타이
(꾸에띠오 느아)

수송동
사이공
(쌀국수)

대학동
포36거리
(쌀국수)

반포동
생어거스틴
(태국식 소고기 쌀국수)

노현동
쪼모코
(소고기 숙주 볶음)

청담동
파파호
(쌀국수)

이태원동
르사이공
(소고기 쌀국수)

저녁이면
다리가 퉁퉁 부어요~

하지정맥류가 생기는 원인

흰 다리에 파란 핏줄이 유난히 또렷하게 보이는 사람들이 있습니다. 하지정맥류가 심한 사람입니다. 많이 심할 경우 다리가 울퉁불퉁해보일 정도라 치마도 입을 수 없습니다. 하지정맥류는 정맥 속의 판막이 여러 가지 원인으로 손상되어 심장으로 올라가야 할 정맥혈이 다리로 역류하면서 발생하는 질환입니다. 이렇게 역류한 정맥혈은 종아리나 허벅지 등의 정맥을 확장시켜 혈관이 튀어나오게 합니다. 일반적으로 오래 서 있거나, 몸에 딱 달라붙는 바지를 자주 입을 경우 정맥 내의 압력이 높아져 발생할 수 있습니다. 하지정맥류의 표면 증상은 외관상 다리의 정맥이 두드러져 보이는 것이고, 자각 증상으로는 하지 부종, 다리가 쑤시는 느낌, 하지 중압감, 통증, 근육 경련 등을 들 수 있습니다.

치료하고 예방하려면 혈액순환을 막는 생활습관을 고쳐야 합니다. 꽉 끼는 옷이나 높은 부츠 등을 자주 착용하고, 다리를 꼬고 앉거나 장시간 서 있는 경우 하지정맥류가 발생하거나 악화될 수 있으니 주의해야 합니다.

하지정맥류 치료에 좋은 영양소

하지정맥류는 혈액순환이 잘 되지 않아 발생하는 병입니다. 따라서 혈액순환을 돕는 성분이 함유된 음식을 섭취하는 것이 좋습니다. 특히 철분, 칼슘이 혈액순환을 원활하게 합니다.

식이섬유는 변비를 예방해요

하지정맥류의 원인으로 꼽히는 것 가운데 하나가 변비입니다. 변비로 인해 힘을
주다 보면 하체가 압력을 받아 정맥류가 발생하는 것입니다. 따라서 변비에 도움
이 되는 양배추, 상추 등의 녹색채소를 많이 먹는 것이 좋습니다.

표고버섯은 혈액순환을 도와요

표고버섯에는 엘리나베닌이 들어 있는데, 이 성분은 철관을 깨끗하게 해주며 혈
액순환을 원활하게 합니다.

오가피는 힘줄을 세게 해요

오가피는 관상동맥을 확장하는 효과가 있습니다. 따라서 하지정맥류에 도움이
될 뿐만 아니라 뼈를 튼튼하게 하고 힘줄을 강화시킵니다. 고혈압이나 류마티스
관절염에도 좋습니다.

토마토는 동맥경화를 예방해요

토마토에는 강력한 항산화 성분인 라이코펜이 다량 함유돼 있어 LDL콜레스테롤
의 산화를 방지하고 동맥경화를 예방합니다.

식이섬유가 풍부한 해조류는 콜레스테롤 합성을 막아요

해조류는 칼로리가 적고 비타민과 무기질, 식이섬유소 등이 풍부하며 콜레스테
롤, 혈당, 혈압 등을 낮춥니다. 그중 식이섬유소는 지방 흡수와 콜레스테롤 합성
을 막는 역할을 합니다.

귤의 비타민P는 혈액순환을 도와요

비타민P가 함유된 귤은 혈압 유지, 모세혈관 강화 등의 역할을 하므로 혈액순환
에 좋습니다.

은행도 혈액순환에 좋아요

은행은 손, 발, 머리 부분의 혈액순환을 원활하게 합니다. 은행에 들어 있는 플라
보노이드 성분은 혈관 손상을 막아주며 기억력을 높이는 효과도 있습니다. 그러
나 너무 많이 먹으면 복통이 생길 수 있으니 주의해야 합니다.

∨ 이런 음식은 피하세요

짠음식 염분은 혈관을 약하게 함과 동시에 혈액을 저류시키므로 되도록 싱겁게 먹는 것이 좋습니다.

지방이 많은 육류 육류나 유제품에 풍부한 지방은 혈관 내 노폐물 축적을 부추겨 혈액순환을 방해합니다.

구운 양파 샐러드

양파와 고구마를 이용한 샐러드를 소개합니다. 양파에는 항산화기능이 있는 폴리페놀 성분이 풍부한데, 폴리페놀은 콜레스테롤이 소화관으로 흡수되는 것을 막아 혈중 콜레스테롤 수치를 낮춥니다. 또한 혈관 내벽의 혈전(찌꺼기)을 예방하여 혈액순환을 활발하게 하므로 부종 개선에 효과적입니다. 고구마는 식이섬유가 많아 하지정맥의 원인이 될 수 있는 변비에 걸리지 않도록 도와줍니다.

▌재료 소개 ┃ 2인분 기준

양파 1개, 고구마 1/3개(50g), 마늘 10g, 어린잎 샐러드,
무지방 발사믹 드레싱 물 1/4컵, 발사믹식초 1컵,
디종 머스타드 1/8컵, 레몬주스 1/4컵, 다진 마늘 약간,
말린 파슬리 1작은술, 설탕·후추 약간

▌조리법

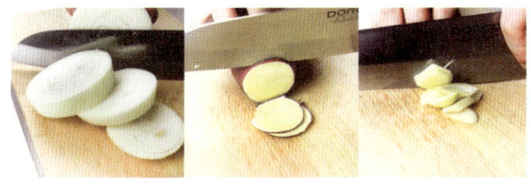

1 양파를 1.5cm 두께로 자르고, 고구마와 마늘을 얇게 썬다.

2 준비한 팬에 식용유를 두르고 달군 뒤, 고구마와 마늘을 튀겨낸다.

3 달군 팬에 양파를 넣고 2분 정도 잘 굽는다.

4 (드레싱) 물, 발사믹식초, 디종 머스타드를 섞는다.

5 레몬주스, 다진 마늘, 설탕을 섞는다.

6 말린 파슬리, 후추를 넣고 잘 섞는다.

7 어린잎 샐러드를 접시에 올리고, 양파를 가운데에 층층이 쌓은 뒤, 마늘과 고구마를 두르고 샐러드 드레싱을 뿌려 마무리한다.

양파 요리할 때 주의할 점

양파를 썰다 보면 눈물과 콧물이 나기 십상입니다. 양파를 사용하기 전 30~60분 동안 얼음물에 미리 담가두면 이러한 현상을 줄일 수 있습니다. 또한 얼음물에 담가 놓으면 종잇장 같이 얇은 양파 껍질이 물을 흡수해 질겨지므로 껍질을 쉽게 벗길 수 있습니다. 아울러 양파는 열을 가하면 설탕의 50배나 될 정도로 단맛이 강해집니다. 따라서 칼칼한 맛을 내고 싶으면 양파를 넣지 않는 것이 좋습니다.

역삼동 '코코펠리'

'코코펠리'는 3,000여 년 전 뉴멕시코와 산타페 지역에서 유래된 전설상의 토속 신으로 '다산, 잉태, 음악, 축제'를 상징합니다. 역삼동에 위치한 '코코펠리'는 국내외 수준급 음악가의 라이브와 다양한 이벤트를 즐길 수 있는 새로운 개념의 엔터테인먼트 레스토랑입니다.

오피스 상권에 위치해 있는 특성상 실속 있게 즐길 수 있는 점심 세트가 있습니다. 내부 인테리어는 전체적으로 고급스러운 분위기를 내며, 개인 룸이 있어 특별한 이벤트나 각종 모임을 즐기기에도 손색이 없습니다. 매장이 커서 다양한 행사나 이벤트가 많이 진행됩니다.

1. 코코펠리의 다양한 메뉴
2. 깔끔하고 세련된 내부
3. 다양한 와인이 보관되어 있다

대표 음식 버섯 샐러드
가격 10,500원
영업시간 11:30~24:00
휴무 일요일
위치 서울시 강남구 역삼동 736-6 도화빌딩 B1
전화번호 02-563-2353
주차 가능
팁 평일 저녁에 라이브 재즈 공연이 열린다. 약 180석의
넓은 공간에 프라이빗 룸도 있어 피로연과 프로포즈 등
각종 이벤트 장소로 각광받고 있다.

향긋한 느타리와 양송이
버섯은 살짝 구워 그 향을
살리고 견과류와 발사믹
드레싱을 뿌려 고소함과
새큼함을 더했다.

check
우리 동네 맛집 찾기

서교동
더파트로
(빅 볼 샐러드)

부암동
비스트로드파르마
(양파수프)

동숭동
나무
(모듬 버섯 샐러드)

신사동
그랑씨엘
(그랑씨엘 샐러드)

삼성동
쏘트루
(바질 페스토 파스타)

반포동
레티브릭
(샐러드 피자)

반포동
맘
(구절판)

양재동
더스테이크하우스
(발사믹 드레싱 버섯샐러드)

역삼동
코코펠리
(버섯 샐러드)

신사동
페퍼민트드림
(버섯 샐러드)

여름에도
손이 꽁꽁꽁, 발이 꽁꽁꽁~

수족냉증의 원인

계절에 상관없이 수족냉증에 걸린 사람들의 손과 발은 언제나 차갑습니다. 이처럼 수족냉증의 주된 증상은 손발이 찬 것이지만, 사람에 따라 무릎이나 아랫배, 허리 등 다양한 부위에서 냉기를 느끼기도 합니다. 정확한 원인은 아직 밝혀지지 않았지만, 대체로 외부자극에 교감신경이 예민하게 반응해 혈관이 수축되고, 손과 발 같은 말초 부위의 혈액 공급이 줄어 과도하게 냉기를 느끼는 것으로 알려져 있습니다.

수족냉증은 남성보다 여성, 특히 출산을 끝낸 여성이나 40대 이상의 중년여성에게 많이 나타납니다. 수족냉증에 걸린 사람들은 단순히 증상만으로 추위에 민감하다거나 혈액순환이 되지 않는다 해서 한약, 영양제 등을 근거 없이 복용하는 경우가 많습니다. 그러나 원인도 제대로 알지 못한 채 효과 없는 치료에 시간과 비용을 들이는 것은 심각한 합병증을 초래할 수도 있습니다. 증상을 완화하려면 추위를 최대한 피하고 혈액순환에 도움이 되는 음식을 섭취하는 것이 좋습니다.

수족냉증을 완화시키는 데 좋은 영양소

수족냉증에 걸린 사람들은 혈관의 수축이나 동맥경화를 일으킬 수 있는 고지방 음식을 피해야 합니다. 대신 불포화지방산을 함유한 어류나 식물성지방을 섭취해야 합니다. 땅콩이나 양파에 많이 들어 있는 비타민 B와 E, 티록신 성분은 혈액순환을 원활하게 해주어 수족냉증에 좋습니다.

미나리는 몸을 따뜻하게 해줘요

미나리에 함유된 정유 성분은 전신을 따뜻하게 만들어주는 효과가 있어 수족냉
증을 완화시키는 데 도움을 줍니다.

비타민B는 신경기능을 살려요

비타민B, 특히 비타민 B1과 B12는 신경기능 활성화에 도움을 줍니다. 비타민B
가 많이 함유된 음식으로는 양파, 땅콩 등이 있습니다.

체온 상승을 돕는 단백질을 많이 섭취하세요

단백질은 우리 몸의 근육, 내장, 피부 등을 구성하며 부족한 에너지원을 채우는
역할을 합니다. 또한 에너지대사율이 높아 체온 상승을 직접적으로 도울 수 있
습니다. 단백질 성분이 풍부한 음식으로는 사골탕, 우유 등이 있습니다.

∨ 이런 음식은 피하세요

지방 함량이 높은 음식 햄버거, 피자 등의 패스트푸드나 튀긴 음식, 지방이 많은 육류 부위 등은 혈액순환을 방해합니다. 또한 소고
기 등에 풍부한 포화지방은 일일 섭취 열량의 7% 미만으로 섭취하는 것이 좋습니다. 지방은 동맥경화, 고혈압, 당뇨 등의 질병을 예
방하기 위해서도 주의하는 것이 좋습니다.

된장 고등어 찹스테이크

등푸른생선의 대명사 고등어에는 오메가3(DHA, EPA)라는 불포화지방산이 풍부하게 함유되어 있습니다. 특히 EPA는 혈중 콜레스테롤 수치를 낮추어 동맥경화를 예방하고 혈압을 낮추며 뇌졸중 등과 같은 심혈관질환 예방에 아주 효과적입니다. 비타민E는 불포화지방산이 파괴되는 것을 막아 세포의 손상을 예방하는 항산화작용을 합니다. 고등어, 그리고 비타민E가 풍부한 마늘과 아스파라거스를 이용한 '된장 고등어 찹스테이크' 요리를 소개합니다.

재료 소개 | 2인분 기준

고등어 한 마리, 된장 1큰술, 올리브유 1/2큰술,
아스파라거스 3개, 대파 30g, 마늘 10g, 후추 약간

조리법

1 마늘을 반으로 자르고, 대파, 아스파라거스를 먹기 좋게 자른다.

2 고등어를 1.5cm 크기로 잘라서 올리브유, 된장으로 10분 정도 양념해놓는다.

3 달군 팬에 식용유를 두르고, 마늘과 아스파라거스가 부드럽게 익을 때까지 3분 정도 익힌다.

4 고등어와 대파를 넣고 볶은 뒤, 후추로 간해서 마무리한다.

고등어 비린내 제거하기

고등어 특유의 생선 비린내를 제거하려면 고등어를 깨끗하게 손질한 다음 레몬즙이나 생강즙, 매실액, 청주 등을 고등어에 뿌리거나 먹다 남은 김빠진 맥주에 10분 정도 담가두면 좋습니다.

고등어와 무는 궁합이 잘 맞아요

고등어를 요리할 때 무를 넣어주면 무의 매운 성분인 이소시아네이트가 고등어의 비린내를 없애줍니다. 또한 무의 비타민C와 소화 효소 등이 고등어의 영양을 보완해주는 역할을 합니다.

논현동 '시크릿 가든'

맛있는 이태리 요리가 있는 비밀의 정원 '시크릿 가든'은 요리책 출판사에서 운영하는 아기자기한 레스토랑입니다. 논현동 주택가 골목을 한참 헤매야 찾을 수 있는 곳. '시크릿가든'은 비밀의 정원이라는 이름처럼 외진 곳에 숨어 있어 호기심을 자극합니다. 전체 인테리어가 하얀색인 내부는 깔끔한 느낌을 주며, 따뜻한 조명이 내부를 은은하게 비추어 마음을 안정시킵니다.

'시크릿 가든'에서는 다양한 이태리 요리를 맛볼 수 있는데, 그중에서도 필로페스츄리에 고르곤졸라 치즈를 얹은 '고르곤졸라 피자'는 멀리서도 손님들이 찾아올 정도로 인기가 많습니다. 고르곤졸라 피자는 필로페스츄리를 겹겹이 겹쳐 만들어 종이처럼 얇고 바삭한 식감을 자랑합니다. 또한 도우가 얇아서 고르곤졸라 치즈의 맛을 풍부하게 느낄 수 있으며 함께 제공되는 꿀에 찍어 달콤하게 즐길 수 있습니다.

고등어와 올리브오일로 만든 파스타. 생물고등어를 올리브유에 재워 숙성시키므로 전혀 비리지 않고 담백하다. 고등어를 부수어 마늘과 파스타를 곁들여 먹으면 고등어의 고소함과 올리브 파스타의 환상적인 궁합을 느낄 수 있다.

대표 음식 고등어 파스타
가격 14,000원
영업시간 11:30~23:00
휴무 명절
위치 서울시 강남구 논현2동 114-18
　　　(리스컴빌딩 1층)
전화번호 02-515-7782
주차 가능(5대 한정)
팁 내부에 독립된 공간이 있어 단체모임이나 가족식사를 할 수 있다.

▶check
우리 동네 맛집 찾기

연희동
좋은집
(정식에 나오는 고등어구이(무한리필))

당주동
깡장집
(깡장)

관훈동
초정
(된장 칼국수)

남창동
넥타이이면갈치
(갈치조림)

논현동
시크릿 가든
(고등어 파스타)

신사동
화전민
(고등어 통구이)

삼성동
아야진생태찌개
(생태찌개)

논현동
루나
(해물 된장찌개)

삼성동
가나안슈퍼식당
(된장찌개)

청담동
청담골
(고등어구이)

어제 술 마신 사람 맞아?

숙취의 원인

회식 모임, 파티 등 우리는 늘 술자리를 피할 수 없습니다. 조절하려 해도, 끊으려 해도 쉽게 조절할 수 없는 술. 조절이 힘들다면 음주 후 숙취 해소가 더욱 중요해집니다. 사람마다 다르지만 술을 많이 마시면 두통, 근육통, 무기력증, 설사, 갈증, 구토, 피로 등의 증상이 나타납니다. 또한 수분부족 현상으로 갈증을 느끼는 사람들도 많은데, 이는 알코올의 작용으로 소변이나 땀, 기타 분비물을 통해 많은 수분이 배출되기 때문입니다. 이때 체내의 여러 전해질도 함께 빠져나갑니다. 따라서 꿀물, 우유, 물 등을 많이 마셔 알코올을 희석해주고 체외로 배출하는 것이 좋습니다.

숙취 해소에 좋은 영양소

술을 많이 마시면 당분과 수분이 부족해지므로 보충해줘야 합니다. 또한 숙취제거제를 마시는 경우가 많은데, 숙취제거제는 술을 마신 후에 먹는 것보다 술 마시기 30분 전에 먹는 것이 가장 효과적입니다.

비타민C가 많은 오이를 드세요

술을 마시면 알코올 성분이 체내의 비타민을 파괴하는데, 그중 비타민C가 가장
많이 파괴됩니다. 오이는 비타민C가 풍부하며 수분도 많이 함유돼 있어 혈중 알
코올 농도를 낮출 수 있습니다.

저혈당 증세를 개선하기 위해 꿀을 드세요

술을 마시면 일시적으로 탈수와 저혈당 증세가 나타납니다. 꿀은 이를 억제하는
데 도움을 줍니다. 꿀물은 술 마시기 전후 또는 마시는 중에 먹어도 좋습니다.

숙취 해소를 위해 콩나물을 드세요

콩나물은 위장의 적혈(술이나 자극적인 음식을 먹었을 때 위장에 쌓이는 열)을 풀어주
기 때문에 숙취 해소에 좋습니다.

∨ 이런 음식은 피하세요

커피 한 잔의 커피는 숙취의 원인이 되는 아세트알데히드의 분해를 촉진하고 신장기능을 원활하게 하여 숙취가 해소되는 것을 도와
줍니다. 그러나 한 잔 이상 마시면 역효과가 날 수 있습니다. 커피가 이뇨작용을 일으키므로 탈수를 조장하고 오히려 숙취를 오래가
게 합니다.

흡연 술을 마시면 인체, 특히 간이 알코올을 분해하는 과정에서 산소요구량이 증가합니다. 또한 음주 시 흡연은 인체의 산소결핍증
을 유발하기도 합니다.

맵고 자극적인 음식 술 마신 다음 날 매콤한 국이나 탕 또는 라면으로 해장하는 분들이 많습니다. 하지만 자극적이고 염분이 많아
몸에 좋지 않습니다. 고춧가루가 많이 들어간 매운음식도 위와 식도에 부담을 주기 때문에 피하는 것이 좋습니다.

콩나물삼합

비타민C, 칼슘, 칼륨 등의 미네랄이 풍부한 콩나물. 특히 콩나물의 '비타민C'와 '아스파라긴산'은 숙취 해소의 일등공신입니다. 비타민C는 알코올을 분해하는 간을 보호하고, 콩나물 뿌리에 특히 풍부하게 들어 있는 '아스파라긴산'은 숙취 증상의 주 원인인 '아세트알데히드'를 제거합니다. 돼지고기에 들어 있는 단백질은 숙취 해소에 꼭 필요합니다. 술을 마시면 알코올이 우리 몸의 아미노산들을 고갈시키는데, 단백질 흡수를 통해 우리 몸의 기능이 정상으로 회복되기 때문입니다. 숙취에 좋은 콩나물과 돼지고기의 만남, '콩나물삼합'을 소개합니다.

재료 소개 | 2인분 기준

콩나물 150g, 멸치액젓 1큰술, 고춧가루 2큰술,
설탕 1/2큰술, 돼지고기 400g, 마늘 2개, 대파 1/2개,
양파 1/2개, 생강 1/2개, 된장 1/2큰술, 커피 약간,
청주 2큰술, 통후추 약간, 굴 100g, 소금 약간

조리법

1 돼지고기는 30분 정도 찬물에 담가 핏물을 빼고, 굴은 소금
  물에 해감한다.

2 물에 돼지고기, 대파, 양파, 생강, 통마늘을 넣는다.

3 통후추, 청주, 된장, 커피를 넣고 끓인다.

4 끓는 물에 소금을 조금 넣고 콩나물을 살짝 데친 다음, 찬물
  에 헹궈서 식힌 뒤 고춧가루를 넣는다.

5 다진 마늘, 멸치액젓, 설탕을 넣고 버무린다.

6 잘 익은 돼지고기를 먹기 좋게 썰어 준비한 접시에 담고, 해감
  한 굴과 콩나물 겉절이를 곁들여 마무리한다.

보쌈김치의 유래

보쌈김치는 미리 담가두고 겨우내 먹는 김치입니다. 옛날 양반집에서 많은 사람을 부려 김장을 한 뒤 그 노고를 위로하고 겨울철에 부족해
지기 쉬운 영양을 보충하려고 돼지를 잡았습니다. 이렇게 준비한 돼지고기를 즉석에서 버무린 김치와 곁들여 동네잔치를 한 데서 보쌈김
치가 비롯되었다고 합니다.

서래마을 '맘'

서래마을 한적한 골목에 있는 '맘(mom)'은 이름에서도 알 수 있듯이 이 세상 최고의 음식인 어머니의 음식을 맛볼 수 있는 한식 전문점입니다. 음식을 만드는 어머니와 매장을 꾸려가는 4형제의 결실인 '맘'은 코스요리나 정식을 선보이는 한식 전문점과는 달리 단품요리 위주로 운영됩니다. 크지 않은 공간이지만 천장을 높게 꾸미고 긴 테이블 놓아 시원스런 분위기를 연출했습니다. 또한 회벽돌과 목재를 이용해 고급스러움과 편안한 느낌을 선사하며, 매장 곳곳에 놓인 아기자기한 소품들 역시 눈여겨볼 만하답니다.

맘의 메뉴판은 4형제의 어머니가 어릴 적부터 집에서 만들던 음식들로 채워져 있습니다. 손님 접대를 위해 만들던 '구절판'을 비롯해 '석쇠 불고기와 샐러드', '올망개묵' 등 친근하면서도 조금은 생소한 메뉴들이 손님들의 눈과 입을 사로잡습니다.

대표 음식 콩나물비빔밥 + 석쇠 불고기
가격 점심 5,000원, 저녁 7,000원
영업시간 11:30~24:00
휴무 월요일
위치 서울시 서초구 반포4동 91-4
　　　미성빌딩 103호
전화번호 02-534-0788
주차 가능
팁 '맘'은 대표의 어머니가 어렸을 적부터 집에서 해주시던 음식을 그대로 메뉴에 반영했는데, 그중 오이선, 구절판은 대표의 어머니가 손님 접대를 위해 만들었던 음식이다. 이 때문에 주부들 사이에서는 '밥 카페'로 불리기도 한다.

콩나물과 신선한 야채로
가득한 콩나물 비빔밥.
'맘'의 특별한 간장 소스
를 넣어 비벼 먹는다. 함
께 제공되는 석쇠 불고
기 샐러드 또한 별미.

1. 와인이 진열되어 있다.
2. 맘의 로고가 박힌 머그잔
3. 대표 메뉴인 '석쇠 불고기 샐러드'

check
우리 동네 맛집 찾기

복창동
원조할머니낙지선타
(조개탕)

창신동
와굴와굴족발
(족발과 콩나물국)

관훈동
오수
(보쌈)

이문동
외대불난곱창
(콩나물이 들어간 불곱창)

화양동
콩불
(콩나물 불고기)

합동
비진도해물뚝배기
(해물 뚝배기)

공덕동
황톳길
(산채 비빔밥)

가산동
돈산미
(굴과 삼겹살)

반포동
맘
콩나물비빔밥

신당동
다채
(콩나물솥밥)

그이와 함께 있어도
즐겁지 않아~

우울증의 원인

우울증은 자살 원인의 70%를 차지하는 위험한 질환으로, 오늘날 성인 100명 가운데 3명이 한 번 이상 경험한다고 합니다. 세계보건기구(WHO)에 따르면 2020년에는 심장질환 다음으로 위험한 질병이 될 것이라고 합니다.

우울증의 주요 증상은 의욕저하와 우울감이며, 다양한 인지적·정신적·신체적 증상을 일으켜 일상기능을 저하시킵니다. 우울증을 겪는 사람들은 삶에 대한 흥미와 관심을 잃어 무력함을 느낍니다. 가장 심각한 증상은 자살 사고로, 우울증 환자의 2/3가 자살을 생각하고 10~15%는 실제로 자살을 시도합니다. 분명한 원인은 아직 명확히 밝혀지지 않았지만, 다른 정신질환과 같이 다양한 생화학적·유전적·환경적 요인에 의해 발생하는 것으로 알려져 있습니다.

우울증 예방법

우울증을 예방하려면 매일매일 목표를 세워 활동적으로 움직이고, 작은 것이라도 성취감을 느끼는 것이 중요합니다. 또한 음주를 피하고 균형 있는 식사를 하는 것이 좋습니다.

- **운동** – 주3회 정도 햇살이 따뜻한 야외에서 걷기, 등산 등의 유산소 운동을 땀이 날 정도로 하는 것이 좋습니다. 적절한 운동은 좋은 기분을 유지시키고, 식욕을 돋우며, 수면에도 도움을 줍니다.
- **균형 있는 식사** – 탄수화물, 단백질, 지방 등 필수 영양소가 고르게 함유된 음식을 규칙적으로 섭취하는 것이 좋습니다. 웰빙식품으로 알려진 야채, 과일, 콩, 땅콩, 곡물 등을 권장합니다.
- **우울증과 음주** – 적당한 양의 음주는 피로를 풀어주고 긴장을 완화해주지만, 만성적인 음주는 우울증을 유발할 수 있습니다. 특히 우울증 치료 중이라면 알코올이 약물의 효과를 떨어뜨릴 수 있으므로 주의해야 합니다.

우울증에 필요한 영양소

우울증은 감정의 기복을 줄이고, 신경을 안정시키는 음식을 먹는 것이 좋습니다. 특히 스트레스를 줄여주는 비타민C와 뇌의 작용을 정상적으로 유지해주는 비타민B1, 칼슘 등이 도움이 됩니다. 단음식이나 육류, 카페인 등은 우울증의 치료와 예방에 좋지 않으므로 피하는 것이 좋습니다.

호두는 슬픔과 무기력증을 줄여줘요

최근 연구 결과에 따르면 호두에 함유된 오메가3 지방산이 슬픔이나 무기력증을 줄인다고 합니다. 또한 호두에 함유되어 있는 칼슘과 레시틴 성분은 뇌와 신경을 강화시켜 불면증과 신경증을 완화하는 작용을 합니다.

감자는 스트레스 감소에 좋아요

감자는 비타민C가 풍부한데, 비타민C는 우리 몸을 스트레스로부터 지켜주는 부신피질호르몬의 생산을 촉진합니다. 또한 감자에는 뇌의 작용을 정상적으로 지켜주는 비타민B1이 풍부해 불안, 초조, 스트레스 등에 많은 도움이 됩니다.

시금치는 초조함을 해소해요

대표적인 녹색채소 시금치도 우울증에 많은 도움이 됩니다. 시금치에는 칼슘이 풍부해 초조감을 해소해주며 신경을 안정시키는 효능이 있습니다.

트립토판은 기분을 좋게 만들어요

뇌 속에 세로토닌이 부족하면 우울증이 온다고 합니다. 트립토판이라는 아미노산을 섭취하면 뇌 속에서 효소작용이 일어나 세로토닌이 만들어집니다. 트립토판을 많이 함유한 음식으로는 어패류, 달걀, 두부, 땅콩, 바나나, 우유 등이 있습니다.

∨ 이런 음식은 피하세요

당분이 많은 음식 설탕이나 초콜릿 등 당분이 많은 음식은 감정을 조절하는 호르몬인 세로토닌의 분비를 감소시켜 우울증에 좋지 않습니다. 우울증 환자에게 단 것을 섭취하게 한 후 1~2시간이 지나 조사해본 결과 상당수가 피곤함과 우울증을 더 많이 느끼는 것으로 밝혀졌다고 합니다.

육류 육류, 특히 돼지고기나 쇠고기 등에 많이 들어 있는 포화 지방산은 콜레스테롤을 증가시킬 뿐 아니라 우울증도 촉진할 수 있습니다. 우울증 환자는 가급적 지방질이 적은 식사를 하는 것이 좋습니다.

카페인이 함유된 음료수와 탄산음료 카페인이 함유된 커피나 홍차, 콜라 등은 이뇨작용을 촉진해 칼슘과 철분 흡수를 방해하며 불면증을 야기합니다. 카페인에 민감한 우울증 환자에게 4일 동안 카페인이 들어 있는 식품을 먹지 못하게 한 결과 상당수의 우울증상이 개선되었다고 합니다.

감자 시금치 타틀렛

'마음의 감기' 우울증에 좋은 감자와 시금치로 만든 타틀렛을 소개합니다. 감자에 들어 있는 비타민C는 부신피질호르몬의 생산을 촉진하는데, 이것은 우리 몸을 스트레스에서 지켜주는 역할을 합니다. 또한 감자에는 뇌의 작용을 정상적으로 지켜주는 비타민 B1이 풍부해 불안, 초조, 스트레스 해소에 도움을 줍니다. 시금치는 칼슘이 풍부해 초조감을 해소하고 신경을 안정시키는 효능이 있습니다. 특히 현기증이나 두통이 자주 일어나는 사람에게 좋습니다.

▌재료 소개 | 2인분 기준

식빵 6장, 버터 50g, 감자 1/2개, 시금치 15g, 양파 1/2개,
홍피망 1/2개, 모짜렐라 치즈 25g, 소금·후추 약간씩

▌조리법

1 양파, 홍피망, 감자, 시금치를 먹기 좋게 자른다.

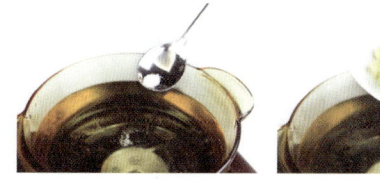

2 자른 감자를 끓는 물에 소금을 약간 넣고 삶는다.

3 식빵의 가장자리를 자른 뒤, 밀대로 식빵을 평평하게 밀어순
다. 버터를 전자레인지에 10초 정도 녹인 다음, 머핀 틀 안
에 브러시로 발라준다. 잘라둔 식빵을 머핀 틀에 넣고, 버터
를 살짝 바른다.

4 양파, 홍피밍에 삶은 감지를 넣고 소금, 후추로 간한 다음 잘
섞는다.

5 골고루 섞은 감자 등을 식빵 안에 넣고 시금치를 위에 올린
다음, 모짜렐라 치즈를 얹는다.

6 180도로 예열해둔 오븐에 넣고 치즈가 잘 녹을 때까지 10분
정도 굽는다.

감자 요리 시 주의할 점

탄수화물, 칼륨, 비타민C, 식이섬유 등 몸에 좋은 영양분이 가득 들어 있는 감자는 생명력이 강해서 어떤 환경에서도 싹을 틔웁니다. 특히
오래 보관할수록 겉이 녹색으로 변하거나 싹이 나는데, 이 부위에는 천연 독소인 솔라닌이 함유돼 있습니다. 솔라닌은 식중독을 일으킬 수
있으며, 400mg 정도 섭취 시 목숨을 잃을 수도 있습니다. 따라서 싹이 나거나 색이 변한 부분은 도려내야 안전합니다.

청담동 '쏘트루'

컨템퍼러리 퀴진(contemporary cuisine)을 추구하는 '쏘트루(so true)'는 뚜렷한 정체성이 있는 건강한 음식들로 가득한 다이닝 카페입니다. '컨템퍼러리 퀴진'이란 동시대의 가장 인기 있는 음식을 가까운 지역에서 생산되는 식재료를 사용해 재해석한 음식입니다. 생채식 요리연구가로도 널리 알려진 최지영 대표는 멀쩡하게 다니던 회사를 그만두고 돌연 뉴욕으로 떠나 요리를 배우고는 국내에 생채식 요리를 선보였습니다. 또한 각종 매체에 맛 칼럼을 기고하는데 음식, 미술, 음악을 접목해 맛에 대한 새로운 시각을 소개함으로써 음식도 문화의 일부임을 강조합니다. '쏘트루'는 음식을 대부분 채소로 만들지만 고기가 들어간 음식도 마련돼 있으므로 서로 다른 취향을 가진 이들도 함께 모여 사이좋게 식사할 수 있습니다.

'채소밭 피자'는 마와 찹쌀을 갈아 치즈를 대신한 웰빙피자로 15가지 신선한 채소와 견과류를 바삭한 씬도우에 가득 얹었다. 치즈와 고기를 배제하여 유제품을 먹지 못하는 아토피 환자 혹은 다이어트를 하는 사람도 부담 없이 즐길 수 있으며, 양도 푸짐해서 한 끼 식사로도 제격이다.

대표 음식 채소밭 피자
가격 28,000원
영업시간 11:00~22:00
휴무 일요일
위치 서울시 강남구 삼성동 58-6
전화번호 02-549-7288
주차 가능
팁 청담동에서 자연을 보며 식사할 수 있는 몇 안 되는 곳으로, 맑은 날 테라스에서 식사를 즐기기 좋다.

check
우리 동네 맛집 찾기

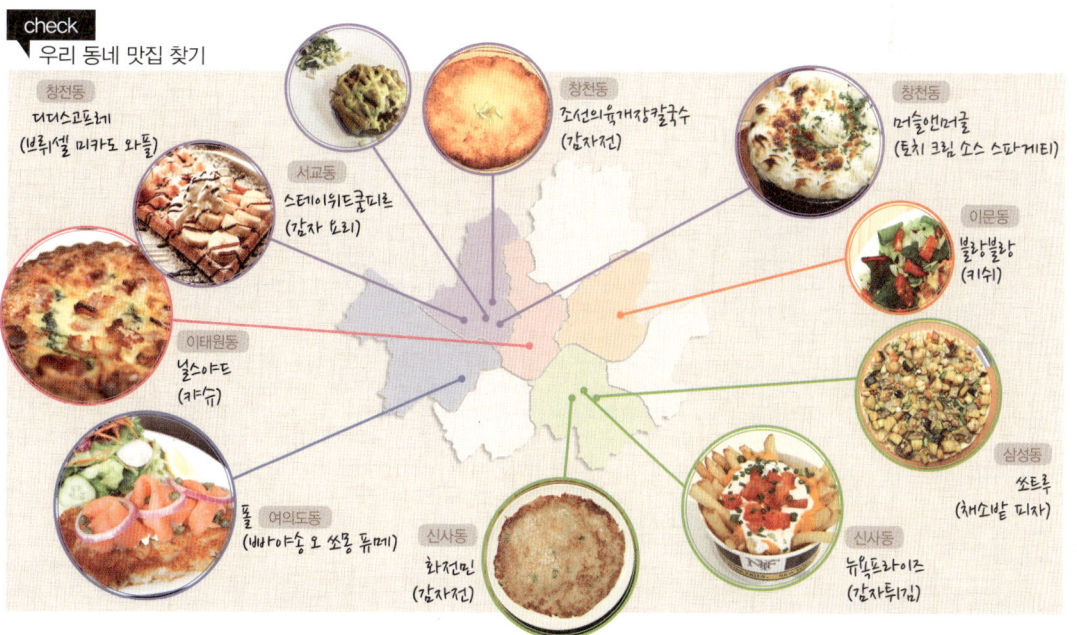

창전동
디디스고프레
(브뤼셀 피카도 와플)

서교동
스테이위트쿵피르
(감자 요리)

창천동
조선의육개장칼국수
(감자전)

창천동
머슬앤머글
(툰치 크림 소스 스파게티)

이문동
불랑불랑
(키쉬)

이태원동
빌스야트
(캐슈)

여의도동
폴
(빠야송 오 쏘몽 퓨메)

신사동
화전민
(감자전)

신사동
뉴욕프라이즈
(감자튀김)

삼성동
쏘트루
(채소밭 피자)

Chapter 4
임신&출산

한 달에 한 번, 어김없이 찾아오는 그날의 고통

생리통의 원인

한 달에 한 번, 그날이 다가오면 생리통에 대한 여성들의 고민은 커져만 갑니다. 생리가 시작되면 일반적으로 복부나 허리, 꼬리뼈 부위에 통증이 생깁니다. 또한 유방이 팽창하고 아픕니다. 심지어 속이 메슥거리고 구토가 나는 등 정상적인 생활을 하기 어려울 정도의 심한 통증을 경험하는 사람도 있습니다.

생리통은 가임기 여성의 약 50%가 겪는 흔한 증상으로, 생리 시작 1~2일 전이나 시작 당일에 아픈 것이 가장 일반적입니다. 생리통은 일차성 생리통과 이차성 생리통으로 나뉩니다. 일차성 생리통은 골반 내 특별한 이상 징후 없이 생리 시에 주기적으로 나타나는 통증을 말하며, 이차성 생리통은 골반 내의 병리적 변화로 인해 나타납니다. 여성은 대부분 일차성 생리통을 겪는데, 이는 자궁 내막에 프로스타글란딘(Prostaglandin)이 많이 생기기 때문입니다. 프로스타글란딘은 생리 시 자궁 근육의 강한 수축을 일으켜 배를 쥐어짜는 것 같은 통증을 일으키며, 이 통증은 출산 시 겪는 산통과 비슷합니다. 대체로 골반 부위의 마사지나 가벼운 운동으로 호전될 수 있습니다.

생리통을 예방하려면 균형 잡힌 식생활을 하는 것이 좋습니다. 가벼운 운동도 도움이 되는데, 산책이나 조깅만으로도 등과 배의 혈액순환이 좋아져 요통이 줄어듭니다. 생리통이 너무 심할 때는 산부인과에서 검진을 받아보는 것이 좋습니다. 일상생활에 지장을 받을 정도의 생리통은 '생리곤란증'이라 하여 치료대상이 됩니다. 또한 자궁의 발육 부전과 자궁근종, 자궁내막증, 자궁감염증에 의한 유착으로 생리통이 심한 경우도 있습니다.

생리통에 좋은 영양소

생리통이 심한 사람들은 과도한 소금 섭취를 피해야 합니다. 소금은 수분을 축적시켜 혈액순환을 방해하기 때문입니다. 오메가3는 통증 완화에 도움이 되며, 등푸른생선에 많이 들어 있습니다. 비타민B1 함유식품은 식욕을 개선시키고 신경불안 증상을 완화해줍니다. 또한 부드럽고 몸을 따뜻하게 하는 음식은 긴장과 흥분을 가라앉히고 혈액순환을 돕습니다.

바나나는 생리통을 완화해요

생리기간에는 세로토닌의 농도가 낮아집니다. 세로토닌의 수치가 감소하면 강한
식욕, 공격성, 수면 부족, 우울함 등이 발생합니다. 바나나에는 세로토닌 합성에
중요한 역할을 하는 아미노산인 트립토판과 함께 비타민B6도 많이 들어 있어
긴장을 풀고 통증을 완화하는 데 도움이 됩니다.

콩은 생리 전 긴장 해소에 좋아요

콩으로 만든 음식에는 마그네슘, 비타민B6 등이 풍부하게 함유돼 있어 이소프
라본 호르몬 활동을 원활하게 하므로 생리통 완화에 도움이 됩니다.

당분이 함유된 야채

야채에는 다양한 영양소가 함유되어 있습니다. 특히 호박과 같은 식품에는
비타민B군을 포함해 다양한 성분이 함유되어 있으므로 생리통에 좋습니다.
생리통이 심할 때는 당분이 있는 야채를 섭취해주면 좋습니다.

등푸른생신과 오징어

고등어 등의 등푸른생선에는 비타민B6가, 오징어에는 마그네슘이 풍부하게
들어 있습니다. 이러한 음식은 염증 및 통증 완화에 도움이 됩니다.

땅콩, 호두, 해바라기씨, 달걀

비타민E가 많아 생리 전 가슴 멍울로 아픈 증상을 완화해줍니다.

∨ 이런 음식은 피하세요

라면, 햄, 소시지 등의 인스턴트식품 염분이 많아 몸을 붓게 합니다.

커피, 콜라 등 카페인이 많은 음료 카페인이 많아 생리 전 긴장을 더욱 심하게 합니다.

짜거나 매운 음식 짠음식은 체내의 수분 배출을 저하시켜 부종을 일으키므로, 생리 시 몸이 붓는 사람이라면 특히 조심해야 합니다.
자극적인 식품은 통증을 늘리고 두통을 일으킬 수 있습니다.

바나나 호두케이크

'마법'에 걸렸을 때 달콤한 음식이 생각난다면 '바나나 호두케이크'는 어떨까요? 바나나가 없다면 다른 과일을 활용해도 좋습니다. 달콤한 초콜릿을 넣고 싶다면 호두 대신 큼직한 초콜릿이나 거칠게 다진 초콜릿을 사용해도 됩니다. 다만 생리기간에 과다한 당분 섭취는 불안증을 증가시키고 비타민B를 소모시키므로 조금만 넣는 것이 좋습니다. 바나나는 생리통으로 인한 우울감이나 스트레스 또는 심리적인 불안감을 없애는 데 도움이 되고, 호두에 함유된 비타민E는 생리 전 가슴에 멍울이 잡히고 아픈 증상을 완화해줍니다. 생리통에 좋은 바나나와 호두를 이용한 '바나나 호두케이크'를 소개합니다.

▌재료 소개 | 2인분 기준

바나나 3개, 오렌지주스 50㎖, 밀가루 200g,
베이킹소다 1작은술, 소금 약간, 버터 2큰술, 황설탕 1컵,
달걀흰자 2개, 바닐라시럽 약간, 다진 호두 20g,

▌조리법

1 오븐을 180도로 예열한다. 케이크 틀에 버터를 바르고, 바나
나는 으깬다.

2 중간 크기 볼에 밀가루, 베이킹소다, 소금을 넣고 잘 섞는다.

3 큰 볼에 버터와 설탕을 담아 설탕이 잘 녹을 때까지 믹싱기로
부드럽게 잘 섞는다.

4 달걀흰자, 으깬 바나나, 오렌지주스, 바닐라시럽까지 넣고 중
간 속도로 바닥까지 잘 저어준다.

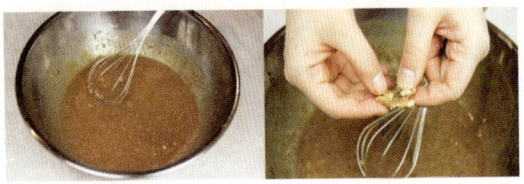

5 호두를 넣는다.

6 밀가루를 넣고 살살 섞어준다. 이때 너무 오래 섞으면 공기가 빠져나가 케이크가 딱딱해지므로 주의해야 한다.

7 반죽을 케이크 틀에 넣고 180도로 미리 가열해둔 오븐에 25분 동안 굽는다. 케이크가 익으면 꺼내어 20분 정도 식힌다(기호에 따라 바나나 조각을 위에 얹는다).

생리전증후군

생리통 외에도 생리전증후군(PMS: Premenstrual Syndrome)이라는 게 있다. 생리통이 있는 여성은 대부분 생리 시작 7~10일 전부터 짜증과 불쾌감, 우울증, 전신 부종 등을 겪는데, 이러한 증상은 호르몬 균형이 틀어지거나 뇌의 신경전달물질인 세로토닌의 부족 때문에 발생하며 직장 여성의 70~80%가 체험한다고 합니다. 생리전증후군에는 비타민B6가 효과적이라는 연구결과가 있습니다. 특히 아연과 함께 섭취하면 비타민B6를 통해 더 큰 효과를 볼 수 있다고 합니다. 또한 미국의 가이 아브라함 박사에 따르면 마그네슘이 가슴 통증과 붓기를 줄여준다고 합니다.

바나나 이야기

1960년대 한국에서 지금의 멜론만큼 고급과일 품목이었던 바나나. 최근 연구에 따르면 바나나는 기원전 5000년 파푸아 뉴기니에서 자랐습니다. 기원전 327년 인도를 정복한 알렉산더 대왕이 인디언 밸리에서 바나나를 발견했다는 문헌도 있습니다. 이후 아라비아 지역으로 전파되면서 바나나라는 이름을 얻게 되었는데, 이것은 고대 아라비아 언어로 '손가락'이라는 뜻입니다. 열대 지방에서 가장 잘 자라는 바나나의 학명은 '무사 사피엔툼 (Musa Sapientum)'으로 '지혜로운 자의 과일'이라는 뜻인데, 기원전 3세기 인도의 현인들이 바나나를 많이 먹은 데서 유래합니다. 또한 뿌리 하나에서 끊임없이 과실을 만들어내는 속성 때문에 회교도 사이에서는 자손 번식과 번영의 상징으로 간주됩니다.

달콤한 바나나케이크의 역사

바나나로 케이크를 만든 첫 번째 기록은 1933년 출판된 《필스버리의 균형 잡힌 레시피 (Pilsbury's Balanced Recipes)》에서 발견됩니다. 그 후로 바나나케이크는 수년 동안 가족들에게 사랑받는 메뉴가 되었습니다. 탄수화물, 단백질, 비타민, 미네랄, 섬유소 등은 풍부한 반면, 지방과 콜레스테롤은 거의 없어 면역력 증강과 변비, 다이어트에 효과적입니다. 기본적인 재료를 사용하여 쉽게 만들 수 있으며, 또한 오래되어 갈색으로 변한 바나나로도 맛있게 요리할 수 있어 경제적입니다.

바나나로 케이크를 만들면, 바나나 특유의 따뜻하고 달콤한 향이 케이크 전체에 스며들어 부엌까지 퍼진답니다. 달콤한 바나나케이크와 하는 아침식사 어떨까요?

홍대
'디디스고프레'

홍대에 위치한 '디디스고프레'는 정통 벨기에 와플 전문점입니다. 이곳의 상호는 와플을 만드는 벨기에인 대표의 이름 '디디'와 와플을 뜻하는 '고프레'를 합쳐 지은 것이라고 합니다. 디디스고프레는 벨기에인이 직접 만드는 정통 벨기에 와플을 맛볼 수 있는 곳입니다. 이미 한국에는 많은 와플 전문점이 있었지만 정통 벨기에 와플의 맛을 알리고 싶어 시작했다고 합니다.

이곳에서는 쫄깃한 식감을 자랑하는 '리에주 와플'과 바삭바삭한 와플 위에 여러 가지 토핑을 올려 먹는 '브뤼셀 와플'을 함께 맛볼 수 있습니다. 벨기에인이 직접 만든 달콤한 와플을 맛보고 싶다면 홍대 디디스고프레를 들러보세요.

대표 음식 브뤼셀 미카도 와플
가격 6,000원
영업시간 12:00~21:00
휴무 일요일
위치 서울시 마포구 창전동 463-19
전화번호 02-322-6061
주차 불가능
팁 '브뤼셀 미카도 와플'에는 바나나, 바닐라 아이스크림, 생크림이 얹어져 있으며 그 위에 초콜릿시럽이 뿌려져 달콤하고 바삭바삭하다.

바나나, 아이스크림, 생크림이 올라간 브뤼셀 미카도 와플

1. 좁은 공간을 잘 활용한 내부
2. 벨기에산 초콜릿과 아이스크림이 올라간 '초코리에류 아이스크림 와플'
3. 쫄깃한 식감이 특징인 '리에주 와플'

우리 동네 맛집 찾기

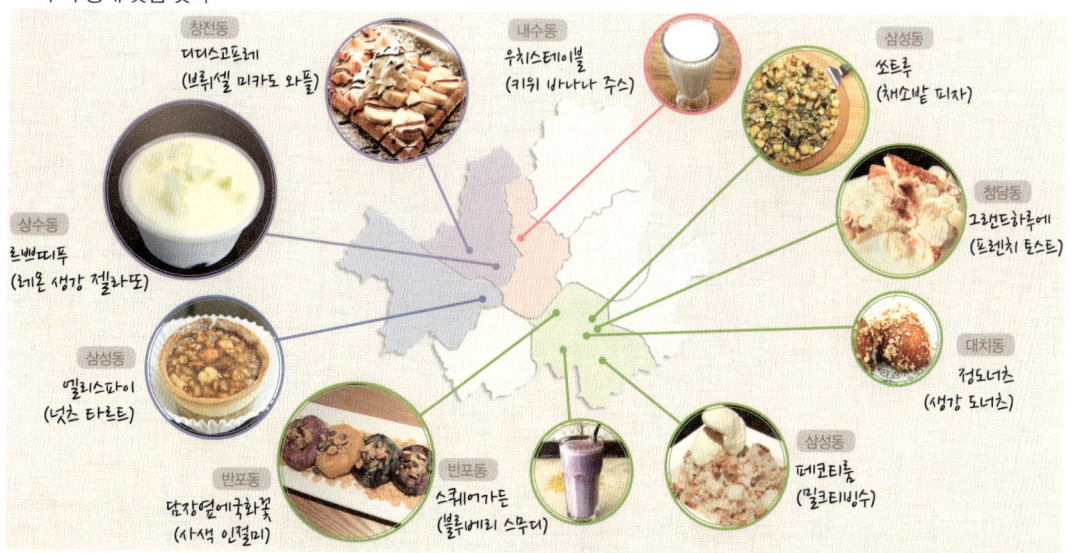

그이와의 잠자리가
설레지 않아~

불감증의 원인

두근두근 설레야 할 그이와의 잠자리에서 쉽게 흥분되지 않는다면 불감증을 의심해봐야 합니다. 일반적으로 불감증이라 하면 오르가즘을 제대로 느끼지 못하는 경우를 말합니다. 오르가즘이란 성적 쾌감의 최고조에 나타나는 신체적 반응이 동반된 현상입니다. 불감증은 단순히 오르가즘을 느끼지 못하는 것을 넘어 성욕 감퇴, 성적 혐오 장애 등의 기피 반응은 물론, 장기적으로는 성기능 장애로 인한 우울, 불안감을 초래하기도 합니다. 이로 인해 배우자와 갈등을 겪으며 부부 관계에 이상이 생기는 경우도 적지 않습니다.

불감증의 원인은 질 건조증 때문이라고도 할 수 있습니다. 성교 시 애액이 감소되는 증상을 질 건조증이라고 하는데, 애액의 흐름이 월활하지 않으면 질 안쪽이 말라서 화끈거리므로 성관계 시 통증을 일으킵니다. 이렇게 발생된 통증은 본인에게도 고통을 주지만 성 파트너 또한 성적 불만이 커져 성관계를 멀리하게 되는 계기가 됩니다.

과거에는 폐경기 이후 여성에게 많이 발생하는 증상이었으나, 최근에는 젊은 여성 사이에서도 부쩍 늘어났습니다. 일하는 여성들이 늘어나면서 과중한 업무로 인한 피로가 많아지고, 오랫동안 앉아서 컴퓨터 작업을 하거나 장시간 서서 일하는 경우가 많기 때문입니다. 질 건조증의 주된 원인은 크게 질혈류량 감소, 여성 호르몬인 에스트로겐 감소, 성 파트너의 문제로 발생되며, 세부적인 요인들을 나누어보면 심리적 불안이나 스트레스, 우울증, 약물 복용, 부인과질환, 육아, 생리주기 변화, 격렬한 운동 등입니다. 간혹 질 윤활제를 치료제로 잘못 생각하는 경우가 있는데 이는 일시적으로 성관계를 하는데 부드러움을 줄 뿐, 근본적인 치료는 되지 못합니다. 성 문제를 미리 막으려면 원인에 맞는 근본적인 치료 계획을 세워 가능한 빠른 시일 내에 치료하는 것이 좋습니다.

불감증 개선에 좋은 영양소

질 건조증의 주된 원인은 여성 호르몬인 에스트로겐 분비가 저하되는 것입니다. 따라서 에스트로겐과 비슷한 호르몬이 다량 함유된 음식이 도움이 됩니다.

콩은 여성의 생식기관을 튼튼하게 해요

콩에는 여성 호르몬인 에스트로겐과 비슷한 피토에스트로겐이 함유돼 있어 여성의 생식기관을 튼튼하게 합니다. 더불어 여성의 유방암이나 갱년기 예방에도 좋습니다.

견과류는 질 건조증에 좋아요

불포화지방산이 풍부하게 들어간 견과류도 여성의 질 건조증에 좋습니다. 호두, 땅콩, 잣, 아몬드를 많이 섭취하세요.

우유는 여성질환에 좋아요

만능식품으로 잘 알려진 우유도 질 건조증에 도움이 됩니다. 콜라겐, 칼슘 등이 풍부하기 때문에 여성의 거의 모든 질환에 좋습니다.

석류는 호르몬의 균형을 도와요

석류는 여성 호르몬인 에스트로겐과 비슷한 성분인 에스트라디올과 에스트론이 들어 있어 호르몬의 균형을 도와줍니다.

블랙빈 라이스 푸딩

라이신, 트립토판 등의 아미노산은 몸의 냉기를 없애고 스태미너 증강에 효과가 있으며, 불감증이나 모유가 잘 나오지 않는 사람의 치료에 아주 효과적이라고 합니다. 이를 풍부하게 함유한 식품이 바로 콩입니다. 특히 검은콩에 들어 있는 색소는 노화를 억제하고 콜레스테롤을 낮추며, 항암효과까지 있다고 합니다. 프랑스 가정에서 어린이와 어른 모두에게 사랑받는 디저트인 블랙빈 라이스 푸딩(Black Bean Rice Pudding)은 질 건조증에 좋은 검은콩, 우유, 견과류를 사용해 만듭니다. 이 디저트는 불감증의 치료뿐만 아니라 각종 비타민과 칼슘 등의 보충으로 바쁜 현대인들의 삶에 달콤한 활력소가 될 것입니다.

재료 소개 | 2인분 기준

쌀 70g, 검은콩 10g(찬물에서 3시간 정도 불려놓은 것),
우유 2.5컵, 바닐라빈 1/2개(또는 바닐라시럽), 설탕 60g,
아몬드 슬라이스 10g, 말린 크랜베리 10g, 호박씨 10g

조리법

1 준비한 팬에 우유, 쌀을 넣고 끓인다.

2 우유가 끓기 시작하면 불려둔 검은콩과 설탕, 바닐라시럽을
넣고 약한불에서 30분 정도 끓인다(쌀이 냄비 바닥에 눌러 붙지
않도록 주기적으로 확인하면서 저어준다).

3 쌀이 익으면 준비한 접시에 부은 뒤, 아몬드와 크랜베리, 호박
씨를 올려 마무리한다.

검은콩 이야기

검은콩은 껍질이 뚜렷한 검은색을 띠며 속은 파랗고 윤기가 나는 것이 좋은 품종입니다. 많은 곡식류와 마찬가지로, 검은콩 역시 보관이
중요한데, 수분 함량을 11% 이하로 유지(거의 말린 상태)하고 통풍이 잘 되는 곳에서 보관하는 것이 좋습니다. 조리법 또한 다양합니다. 검
은콩은 미역과 궁합이 잘 맞는 식품입니다. 검은콩을 비타민이 풍부한 해조류와 함께 조리해먹으면 폐경기증후군을 완화하고, 골다공증을
예방하는 효과가 있습니다.

코엑스 '페코티룸'

페코티룸은 코엑스몰에 위치한 고급 홍차 전문점입니다. 이곳에서는 국내에서 구하기 어려운 영국 고급 차뿐만 아니라 다양한 수제 디저트까지 맛볼 수 있어 홍차를 마시는 영국의 정통 오후 티타임을 즐길 수 있습니다. 대표 메뉴는 로얄 밀크티로, 홍차의 떫은 맛에 우유가 들어가 향긋한 홍차의 향과 부드러움을 느낄 수 있습니다. 또한 취향에 따라 다양한 종류의 홍차를 설탕과 우유 없이 본연의 맛으로 즐길 수 있으며, 홍차를 블랜딩한 밀크티와 메이플시럽이 들어간 밀크티, 마시멜로가 들어가 더욱 부드러운 맛을 느낄 수 있는 밀크티, 다크 초코의 풍부한 향과 부드러움이 어우러진 밀크티 등 다양한 밀크티를 즐길 수 있습니다.

프랑스 케이크 교실
(초급, 중급, 고급, 마스터 클래스)
· 스페셜 클래스 월
(연2회)
창업준비클래스
Tel:02)568-76

밀크티빙수는 밀크티, 얼음, 카라멜에 볶은 견과류와 바닐라 아이스크림. 우유가 들어가 담백하다. 딱딱한 얼음을 씹는 식감보다는 고소하면서도 달달한 견과류와 밀크티로 색다른 빙수의 맛을 제공한다.

대표 음식 밀크티빙수
가격 9,000원
영업시간 9:00~23:00
휴무 명절
위치 서울시 강남구 삼성1동 159-6
전화번호 02-569-7626
주차 가능
팁 다양한 홍차를 구경하고 구매도 할 수 있는 홍차박물관 같은 공간.

check
우리 동네 맛집 찾기

충무로
사랑방칼국수
(콩국수)

관훈동
반짝반짝빛나는
(산마 검은깨 스무디)

소격동
코인
(검은콩빙수)

이태원동
타르틴
(피칸 파이)

신당동
다채
(영양솥밥)

이태원
카페슈민
(팥빙수)

반포동
담장옆에국화꽃
(사색 인절미)

대치동
피앙콩할모니
(콩국수)

삼성동
페코티룸
(밀크티빙수)

청담동
파파호
(캐슈넛 닭가슴살 볶음)

은밀한 그곳에
냄새가 나요~

자궁경부암의 원인

여성들만의 말 못할 고민, 바로 부인과질환입니다. 그중에서도 자궁경부암은 여성암 2위를 차지할 정도로 발병률이 높습니다. 자궁경부암이란 질에서 자궁까지 연결되는 자궁 아랫부분에 암세포가 증식하여 생긴 증상을 말합니다. 잠복기간도 길고, 수술과 항암 치료 후에도 재발 가능성이 높아 여성들이 가장 두려워하는 병 가운데 하나입니다. 자궁경부암의 주 원인은 인유두종바이러스(HPV)입니다. HPV는 항문이나 생식기 주변에 기생하는 바이러스입니다. 누구나 걸릴 수 있는 감기 바이러스와 같은 것으로, 성관계를 시작한 지 2~5년 이내에 여성들이 대부분 감염되는 흔한 바이러스지만, 다행히 인체의 면역 반응으로 2년 이내에 80% 정도는 자연스럽게 치유됩니다. 다만 10~20% 정도는 지속적인 감염을 일으키고, 이 중 일부에서 자궁경부상피내암, 자궁경부암으로 발전합니다.

성생활을 하는 여성 10명 가운데 8명은 자기도 모르게 일생에 한 번 이상 HPV에 감염됩니다. HPV는 인간 대 인간으로 전염되며, 성관계 등 긴밀한 접촉에서 전염력이 매우 강하고, 사람의 편평상피세포에만 감염이 되기 때문에 여성의 회음부, 질, 자궁경부, 항문 주변 등에 감염 증상을 유발합니다. 성관계를 하지 않은 여성도 매개물에 의해 감염되었다는 보고가 있기는 하지만, 대부분 성 접촉이 원인입니다. 자궁경부암은 첫 성교연령이 낮고 성교 대상자의 수가 많을수록 발병 위험이 높습니다. 성병에 걸린 적이 많으면 그 위험은 더욱 높아집니다. 그밖에 경구 피임약을 오래 복용하거나 흡연을 하는 경우에도 발병 위험률이 높아집니다. 자궁경부암을 예방하려면 평소 건강한 성생활을 유지하고, 면역기능을 떨어뜨리는 생활습관과 식습관을 개선해야 합니다.

자궁경부암 예방에 필요한 영양소

자궁경부암을 예방하려면 항암물질이 함유된 음식, 면역력을 높이는 음식을 많이 섭취하는 것이 좋습니다. 특히 루테인, 셀레늄, 베타카로틴, 비타민 등이 좋으며, 발암물질의 독성을 억제하는 성분이 들어 있는 야채, 채소류도 도움이 됩니다.

해조류는 면역력을 높여요

해조류 속에는 40~60%의 다당류가 들어 있는데, 다당류는 면역력을 높이는 작용을 합니다. 특히 다시마의 프코이딘, 미역의 알긴산 등은 면역력을 2~3배 높이는 효과가 있습니다.

등푸른생선은 암 예방에 좋아요

다랑어, 고등어, 장어, 꽁치, 정어리 능의 등푸른생신에는 DHA가 풍부하게 들어 있어서 암 억제 효과가 있습니다. 또한 EPA는 발암을 억제해줄 뿐만 아니라 암세포의 증식과 전이도 막아줍니다.

토마토는 항암작용을 도와요

토마토에는 비타민 A와 C가 많이 들어 있습니다. 또한 황색 색소인 카로틴과 붉은색 색소인 리코핀도 함유되어 있습니다. 베타카로틴은 항암작용을 하고 리코핀은 위에서 소화를 촉진하며 산성식품을 중화시킵니다. 또한 토마토 속의 루틴은 혈관을 건강하게 하고 혈압을 내리는 역할을 합니다.

브로콜리는 발암물질의 해독을 도와요

브로콜리에 함유되어 있는 글루코시노레이트는 자연 상태로는 인체에 이로운 것이 없지만, 자르거나 씹으면 효소가 분비되면서 다른 물질로 전환됩니다. 이 물질이 발암물질을 해독하고 자궁암 종양을 억제합니다.

호박은 자궁경부암 치료에 좋습니다

호박에 들어 있는 루테인이라는 성분은 자궁경부암 치료에 효과적입니다. 조림이나 찜, 죽 등 여러 가지 방법으로 조리해 먹으면 좋습니다.

고구마도 자궁경부암 치료에 효과가 있어요

고구마에는 강글리오사이드라는 성분이 함유되어 있는데, 이 성분은 항암제로 이용하는 아드리아마이신보다 강력해 자궁경부암에 탁월한 효과가 있습니다.

율무에는 암세포 증식을 억제하는 성분이 있어요

율무에 함유된 코익세놀라이드 성분은 암세포 증식을 억제합니다.

∨ 이런 음식은 피하세요

알코올과 담배, 동물성지방이 든 훈제식품, 설탕, 초콜릿, 버터 등은 피하는 것이 좋고, 말린 과일이나 견과류도 자궁 건강에 좋지 않습니다.

토마토 앤초비 브루스케타

이번에 소개할 음식은 '토마토 앤초비 브루스케타'입니다. 자궁경부암의 치료와 예방에 좋은 토마토와 등푸른생선 가운데 하나인 앤초비를 이용한 음식입니다. 등푸른생선에는 DHA와 EPA 성분이 풍부합니다. DHA와 EPA는 발암을 억제할 뿐만 아니라, 암세포의 증식과 전이도 억제하는 성분이 함유돼 있어 자궁경부암 치료에 매우 효과적입니다. 또 다른 재료인 토마토에는 강력한 항암 성분인 베타카로틴이 함유돼 있어 암 치료에 많은 도움을 줍니다. 또한 토마토에 함유된 리코핀 성분은 위에서 산성식품을 중화시키며, 소화를 촉진하는 효과까지 있다고 합니다. 등푸른생선과 빨간 토마토의 운명적 만남, '토마토 앤초비 브루스케타'를 만들어 볼까요?

▌재료 소개 ┃ 2인분 기준

방울토마토 50g(9개), 올리브유 1.5큰술, 식빵 2조각,
앤초비 1캔, 소금·후추 약간씩, 어린잎 샐러드

▌조리법

1 방울토마토를 4등분한다. 앤초비도 1.5cm 길이로 잘라준다.

2 가로, 세로 3cm 길이로 식빵을 자른 뒤, 달군 팬에 한쪽 면
을 살짝 굽는다.

3 준비한 그릇에 방울토마토를 넣고 올리브유, 소금, 후추를 뿌
린 다음 잘 섞어준다.

4 식빵을 노릇하게 구운 쪽에 방울토마토 믹스, 앤초비를 올리
고 어린잎 샐러드로 장식한다.

브루스케타(Bruschetta) 이야기

브루스케타는 이탈리아에서 15세기쯤 만든 것으로 알려져 있습니다. 오븐에서 구운 빵에 마늘을 비비고 올리브유, 소금, 후추를 뿌려먹는
음식이었습니다. 붉은 피망, 토마토, 여러 가지 야채, 콩, 고기나 치즈를 토핑으로 얹어 먹었답니다. 이탈리아에서 스낵이나 애피타이저로 주
로 애용되는데, 가장 유명한 브루스케타는 바질, 토마토, 마늘, 양파나 모짜렐라 치즈를 얹어먹는 스타일입니다.

코엑스 '브루스케타'

삼성동에 위치한 브루스케타는 고급 이탈리아 음식을 맛볼 수 있는 정통 이탈리안 레스토랑입니다. 이탈리아 본고장에 뒤지지 않는 맛과 분위기를 느낄 수 있으며, 인기 메뉴로는 이곳의 상호이기도 한 브루스케타를 비롯해 그랑치오, 마르게리따 등이 있습니다. 식전 음식인 브루스케타는 올리브를 발라 구운 바게뜨에 토마토, 바질, 버섯, 소시지, 해물 등 다양한 토핑을 얹어 먹는데, 토핑은 여러 가지 재료가 함께 어우러질 때 최고의 맛을 냅니다. 부드러운 맛의 파스타인 '그랑치오'는 토마토 소스와 크림 소스를 섞어 만든 로제 소스에 왕게살, 성게알무스, 오일에 볶은 시금치를 곁들입니다.

대표 음식 브루스케타
가격 12,000원
영업시간 11:30~22:30
휴무 연중무휴
위치 서울시 강남구 삼성동 160
　　　　아이파크타워 B1F
전화번호 02-2231-3392
주차 가능(2시간 무료)
팁 오피스 상권에 위치해 있어 점심에는
할인이나 세트 메뉴의 혜택을 받을 수
있다. 고급스러운 분위기에 합리적인 가
격으로 추억을 만들 수 있는 곳.

이탈리아 에피타이저 '브루스케타'는 올
리브를 발라 구운 바게뜨에 토마토, 바질,
버섯, 연어, 해물 등 다양한 토핑을 얹어
먹는다. 토핑은 여러 가지가 함께 어우러
질 때 최고의 맛을 낸다.

check
우리 동네 맛집 찾기

대신동
로드샌드위치
(마녀수프)

이태원동
피자리움
(렌치 피자)

이태원동
산토리니
(그리스식 샐러드)

잠실동
알로메
(모짜렐라 치즈 스파게티)

신사동
그랑씨엘
(앤초비 파스타)

반포동
레드브릭
(토마토 오븐구이)

삼성동
쏘트루
(채소밭 피자)

대치동
바피아노
(페스토 꼰 스피나치)

삼성동
아름다운식탁
(우리집건강샐러드)

삼성동
브루스케타
(브루스케타)

출산한 것과
똑같이 힘들어~

유산 후 몸 관리 방법

임신의 기쁨이 채 가시기도 전에 그토록 원하던 아이를 잃었다면 그 슬픔은 이루 말할 수 없을 것입니다. 유산이란 태아가 생존 가능한 시기 이전에 임신이 중단되는 것을 말하며, 크게 자연유산과 인공유산으로 나눌 수 있습니다. 자연유산은 의학적 시술을 시행하지 않은 상태에서 임신이 중단되는 것을 말하며, 인공유산은 수술이나 약물을 통해 임신을 의도적으로 중단하는 것을 말합니다. 간과하기 쉬운 사실이지만, 유산은 출산보다 더 위험합니다. 임신 상태에서 분비되는 호르몬 등으로 임산부의 몸은 태아가 지낼 수 있는 상태로 바뀝니다. 그러나 유산할 경우, 태아가 몸속에 없는 상태에서 태아가 있는 것처럼 호르몬이 분비되므로 호르몬의 불균형이 생길 수 있습니다.

유산 후에는 주로 약물을 이용해 치료받게 되는데, 식이요법 또한 약물 치료 못지않게 회복에 중요한 역할을 합니다. 또한 유산 후 몸조리를 잘해야 다음 임신 때 유산 위험성을 낮출 수 있으므로 충분한 휴식과 영양 섭취를 통해 몸조리에 신경 써야 합니다.

유산 후 몸 관리에 좋은 영양소

유산 후에는 혈관에 손상이 오고, 감염성 질환에 쉽게 노출됩니다. 따라서 혈관 회복에 좋고 항산화작용을 하는 성분이 함유된 음식을 먹어야 합니다. 또한 유산 시 출혈을 동반하게 되므로 혈액 생성에 도움을 주는 철분 섭취가 매우 중요합니다.

양파는 혈액순환에 좋아요

양파에는 혈당과 콜레스테롤 수치를 낮추는 성분이 들어 있어 혈액순환에 좋습니다. 또한 체내 미네랄 성분의 흡수에도 많은 도움을 주어 유산 후 회복에 효과적입니다.

매실은 몸속에 축적된 노폐물을 배출해요

매실은 몸속에 축적된 노폐물을 탄산가스와 물로 분해하여 몸 밖으로 배출시키므로 피로를 없애는 효과가 있고, 간의 해독작용을 높여줍니다. 한의학에서는 위를 강하게 하고 장을 깨끗하게 하는 식품으로 알려져 있으며, 유산했을 때 외에도 언제든 복용하면 좋습니다.

연근은 어혈 제거에 좋아요

연근은 풍부한 무기질, 비타민C, 리놀레산, 식이섬유가 포함돼 있는 영양식품입니다. 연근은 옛날부터 어혈 제거에 도움을 주는 음식으로 알려져 있으며, 출산이나 유산 후 어혈이 몸에 남아 가슴이 답답하고 아픈 느낌이 있을 때 먹으면 좋습니다.

검정콩과 검정참깨는 해독작용을 도와요

검정콩과 검정참깨는 해독작용이 뛰어나며, 신장 기능을 보양하고 피를 맑게 해준다 하여 몇 년 전부터 꾸준히 사랑받고 있는 음식입니다. 《동의보감》에서도 칭찬이 자자한 음식 가운데 하나입니다.

감귤류는 혈액을 맑게 해줘요

감귤류에는 항산화작용을 돕는 성분이 들어 있으며, 혈액을 맑게 해줍니다. 특히 잦은 유산으로 생길 수 있는 합병증을 예방하는 효과도 있습니다.

∨ 이런 음식은 피하세요

인스턴트식품과 동물성지방 인스턴트식품과 동물성지방의 과도한 섭취는 소화기관에 무리를 주게 되며, 체내에 노폐물이 쌓이게 합니다. 또한 인스턴트식품에 함유된 지방은 혈관에 쌓여 원활한 혈액순환을 방해합니다.

오징어먹물 연근찜

유산의 후유증으로 아픔을 겪는 사람들을 위한 요리, '오징어먹물 연근찜'을 소개합니다. 오징어는 고단백 저칼로리 음식이면서, 타우린 함량이 소고기의 16배, 우유의 47배나 되어 성인병 예방에 효과적입니다. 고서에도 오징어는 "자궁 출혈을 치유하고, 임신과 출산을 이롭게 하며, 월경과 냉대하를 조리하고 복부의 뭉친 것을 치료하여 부인에게 가장 유익하다"라는 말이 있습니다. 특히 오징어먹물의 경우 유산 때 하혈이 심하여 명치 부위가 많이 아플 때 효과적입니다. 또한 연근은 풍부한 무기질, 비타민C, 리놀레산, 식이섬유를 포함한 영양식품입니다. 특히 출산이나 유산 후 어혈이 몸에 남아 가슴이 답답하고 아픈 느낌이 있을 때 도움이 됩니다.

▌재료 소개 ┃ 2인분 기준

오징어 한 마리
속 재료 두부 50g, 오징어 다리, 달걀 1개, 양파 1/4개,
녹말 약간, 밀가루 100g, 연근 30g, 참기름 1/2큰술,
오징어먹물, 다진 마늘, 소금·후추 약간씩

▌조리법

1 오징어를 씻어 껍질을 벗긴 뒤, 몸통과 다리 부분을 잡아당겨
  내장을 제거하고, 몸통을 살짝 들어 연골을 빼준다.

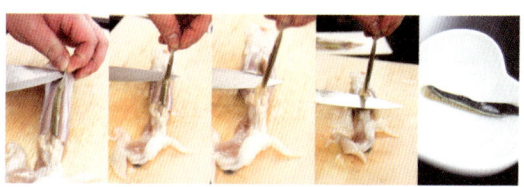

2 오징어 내장에서 먹물이 있는 부분을 분리한다.

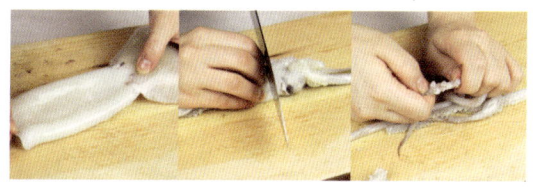

3 오징어 눈 부분을 제거한 뒤 다리의 빨판을 손으로 뜯어 없
  앤다.

4 오징어 다리, 양파, 연근을 먹기 좋게 다진다.

5 다진 오징어와 으깬 두부, 다진 양파를 넣는다.

6 다진 연근, 다진 마늘, 소금을 넣고 섞는다.

7 후추, 참기름, 달걀을 넣는다.

8 밀가루, 녹말, 오징어먹물을 넣어 속 재료에 수분이 생기지 않게 잘 섞어준다.

9 오징어 속을 끝에 2cm 정도 남기고 80% 정도만 채운 뒤 이쑤시개로 바느질하듯 잘 봉하고 준비한 찜통에 20분 정도 찐다.
 * 오징어가 식은 후에 썰어야 속이 밖으로 튀어나오지 않고 예쁘게 잘 썰린다.

연근 이야기

1951년 일본 도쿄 근처의 깊이 5.4m 되는 늪에서 발견된 카누는 신석기시대 것으로, 그 속에서 찾아낸 연꽃씨는 탄소14를 이용한 연도 측정 결과 2만 년 전의 것으로 추정되었습니다. 학자들이 이것을 심었더니 싹이 나서 14개월 후에는 오늘날의 연꽃과 조금도 다름없는 꽃을 피웠다고 합니다. 이 연꽃씨는 진흙탕 속에서 무려 2만 년이나 살아있었던 것입니다.

오징어먹물 두부 야채전

오징어먹물 연근찜에 들어가고 남은 속 재료로 맛있는 전을 만들 수 있답니다. 앞의 레시피 8번까지 진행한 다음, 남은 속 재료를 동그랗게 뭉쳐 기름을 두른 팬에 부치면 맛있는 전이 됩니다.

인사동 '반짝반짝빛나는'

인사동길 끝 2층에 위치한 '반짝반짝빛나는'은 직접 담근 전통 차만을 판매하는 곳입니다. 인테리어 전문가와 도자기 전문가, 전각 전문가 등 여러 팀이 함께 만들어낸 내부는 아담하지만 옛스러우면서 현대적인 감각이 돋보입니다. 이곳의 모든 차는 70세가 넘은 대표의 어머님이 집에서 해먹던 차 그대로입니다. 모든 차는 전통적인 방법으로 직접 만드는데, 해마다 직접 시골에서 담가 항아리에 5년 정도 숙성시킨다고 합니다. 게다가 좋은 재료를 구하기 위해 전국을 다니거나 유기농 재료를 농부들에게 직접 구입하기 때문에 단골고객이 많고 재료를 사가는 손님들도 많습니다. 이러한 어머님의 노력 덕분에 이곳은 사람들의 발길이 끊이지 않습니다.

대표 음식 산마 검은깨 스무디
가격 11,000원
영업시간 10:00~23:30
위치 서울시 종로구 관훈동 6 2F
전화번호 02-738-4525
주차 불가능
휴무 연중무휴
팁 찬 스무디를 먹고 나면 속을 진정시키라고 따뜻한 차를 준다. 또한 스무디를 시키면 한과도 같이 준다.

품질이 좋은 산마와 검은깨를 직접 갈아 만든 스무디. 미숫가루 맛이 나면서 굉장히 고소하고 담백하다.

1. '반짝반짝빛나는'의 내부 2. 바로 옆의 공방 3. 산마 검은깨 스무디

check
우리 동네 맛집 찾기

북창동
원조할머니낙지센타
(연포탕)

관훈동
반짝반짝빛나는
(산마 검은깨 스무디)

인사동
귀천
(매실차)

명륜동
더밥
(콩비지)

명일동
수요일
(대추차)

한강로
일등내장탕
(낙지 채소 비빔밥)

서원동
오첨지
(오징어 불고기)

역삼동
갓덴스시
(오징어 통구이)

신사동
경성냉면
(산낙지냉면)

신사동
라리에또
(오징어 샐러드)

배 속의 우리 아기,
어떤 음식이 좋을까?

배 속 아기, 어떻게 해야 건강할까?

건강한 아기를 출산하는 것. 산모에게 이것보다 더 중요한 일은 없을 것입니다. 산모들은 태어날 아기를 위해 좋은 음악을 들으며 태교하고, 책을 읽으며 지식을 쌓기도 합니다. 그러나 무엇보다 아기에게 좋은 음식을 골고루 섭취하여 건강한 아기가 태어날 수 있도록 하는 것이 가장 중요합니다. 건강한 아이를 낳으려면 산모가 섭취하는 음식과, 산모의 안정된 마음 상태가 중요합니다. 태아의 건강은 산모의 건강과 직결되기 때문입니다. 임신 중 섭취하는 음식들은 태아에게 아주 큰 영향을 미치는데, 태아에게 좋지 않은 음식을 자주 섭취하면, 기형아를 출산할 수도 있으므로 주의를 기울여야 합니다.

특히 태아의 경우 임신 7개월 이후 두뇌가 발달하는데, 이때 섭취하는 음식이 매우 중요합니다. 이 시기의 두뇌 발달이 출산 후 아기의 지능에 영향을 주기 때문입니다.

태아의 건강에 필요한 영양소

태아의 성장과 발달, 산모의 건강을 위해서는 비타민B와 칼슘, 과일과 채소류 등을 골고루 섭취하고 전반적인 영양 균형에 신경 써야 합니다.

콩은 태아의 골격과 근육을 형성해요

콩은 단백질이 풍부해 태아의 기본 골격과 근육 형성에 도움을 줍니다.

녹색잎채소는 태아의 뇌에 좋아요

임신 초기에는 특히 영양가가 높고 싱싱한 음식을 먹는 것이 좋습니다. 시금치,
아욱, 부추, 미나리 등의 녹색잎채소를 많이 섭취하세요.

칼슘이 풍부한 우유는 태아의 골격 형성을 도와요

우유와 유제품에는 칼슘이 많아 태아의 골격을 형성하는 데 많은 도움을 줍니다.

과일과 채소는 산모에게 좋아요

과일과 채소에는 각종 비타민과 무기질이 함유돼 있으며, 섬유질이 풍부해 임산
부에게 매우 좋습니다. 특히 사과, 오렌지, 바나나, 딸기 등이 좋습니다.

∨ 이런 음식은 피하세요

가공식품 가공식품에는 대부분 인공색소나 방부제, 식품첨가물 등의 화학성분이 들어 있어, 태아와 산모의 건강에 좋지 않습니다.

흰 설탕 흰 설탕은 사람 몸속에 들어가 칼슘을 빼앗는 작용을 합니다. 임신 중 칼슘은 태아의 뼈와 이를 만드는 중요한 역할을 하는
데, 흰 설탕을 많이 먹으면 칼슘이 결핍되므로 태아에 좋지 않은 영양을 미칠 수 있습니다.

훈제 연어말이

스페인 그라나다 대학 연구팀에 따르면 임신 중에 오메가3 지방산이 풍부한 연어를 섭취하면 엄마와 태아에게 모두 좋다고 합니다. 비타민A의 한 종류인 레티놀과 노화억제효과가 있는 셀레늄이 풍부하여 임신과 관련한 산화 스트레스를 예방하고 줄이는 데 도움이 되기 때문입니다. 임신 초기 임산부가 섭취하는 단백질은 태아의 성장과 태아가 있을 환경을 만드는 데 쓰이는데, 단백질이 풍부한 두부를 많이 먹으면 자궁의 환경을 좋게 해서 태아가 더 안정적으로 자랄 수 있습니다. 임신 중의 산모와 아이에게 좋은 두부와 연어를 이용한 '두부 미소 드레싱을 곁들인 훈제 연어말이'를 소개합니다.

▌재료 소개 ┃ 2인분 기준

훈제 연어 100g, 두부 100g, 무순 10g, 초절임 무 30g
요거트 드레싱 플레인 요구르트 2큰술, 레몬주스 1큰술,
매실청 1큰술, 다진 양파 1큰술, 고추냉이 0.5큰술,
소금·후추 약간씩

▌조리법

1 소스에 들어갈 양파를 다지고, 연어말이에 들어갈 두부를 길
  게 썬다.

2 **(드레싱)** 플레인 요구르트, 레몬주스, 매실청을 넣는다.

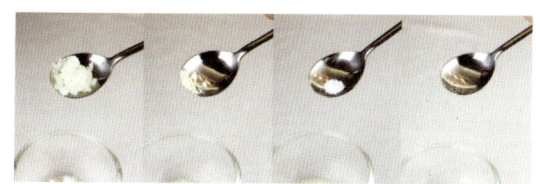

3 다진 양파, 고추냉이, 소금, 후추를 섞어 요거트 드레싱을 만
  든다.

4 바닥에 훈제 연어를 깔고 초절임 무를 위에 올린 다음 두부,
  무순을 올리고 돌돌 말아서 마무리한다.

연어 이야기

연어에 들어 있는 성분 가운데 가장 주목받는 것은 EPA, DHA 등의 오메가3 지방산입니다. 오메가3 지방산은 고혈압, 동맥경화, 심장병, 뇌
졸중 등 혈관질환을 예방하는 효과가 있습니다. 미국의 영양 전문가 스티븐 프랫은 오메가3 지방산이 함유된 다른 생선이 많은데도 연어를
'슈퍼푸드' 14가지 가운데 유일한 생선으로 선정했다고 합니다. 또한 연어에는 비타민 A, B, D, E 등도 풍부하게 함유되어 있습니다.

광화문 '세이슌'

광화문에 위치한 세이슌은 동경 조리사 전문학교 출신의 셰프가 운영하는 일본식 덮밥 전문점입니다. 일본 현지 가정에서 먹는 다양한 요리를 맛볼 수 있는 광화문 맛집으로, 이곳의 인기 메뉴로는 수제 함박 스테이크, 사케 돈부리, 가츠 & 에비동 등이 있습니다. 특히 수제 함박 스테이크는 소고기, 돼지고기, 양파, 우유, 달걀 등을 넣어 만든 두툼한 수제 패티에 달걀프라이, 버섯, 양파, 감자가 순서대로 올려지고 그 위에 '세이슌' 만의 특제 소스인 데미그라스 소스를 뿌려서 만듭니다.

가츠 & 에비동은 밥 위에 두툼한 돈가스와 바삭한 왕새우가 가득히 나오는 일본식 덮밥으로 모짜렐라 치즈도 함께 즐길 수 있어 남녀노소 누구나 좋아하는 메뉴입니다.

'돈부리'는 원래 밥 그릇보다 더 큰 그릇을 뜻하는 말로 일본식 덮밥을 뜻하기도 한다. 사케 돈부리는 초밥용 밥에 생연어, 문어, 날치알이 얹어 나온다. 생 연어를 매일 손질해 사용하기 때문에 신선한 연어덮밥을 맛볼 수 있다.

대표 음식 사케 돈부리
가격 8,000원
영업시간 11:30~21:00
　　　　　(휴식시간 16:00~17:00)
휴무 일요일
위치 서울시 종로구 당주동 5번지 B1F
　　　(로얄빌딩 지하 1층)
전화번호 02-723-9306
주차 불가능
팁 테이블이 4~5개 정도 있는 그리 넓은 공간은 아니지만 아담한 분위기가 좋고, 간편하게 즐기기 좋다.

▶check
우리 동네 맛집 찾기

당주동
세이슌
(사케 돈부리)

관훈동
오수
(흑두부)

동선동
타노시
(사케동)

관훈동
양평매운탕
(빠가사리)

명륜동
더밥
(콩비지)

청파동
토토마루
(사사키모리아와세동)

신사동
닝교초돈부리
(연어 사시미덮밥)

역삼동
갓덴스시
(구운 연어 초밥)

삼성동
아야진생태찌개
(생태찌개)

대치동
피양콩할마니
(콩국수)

얼마 전에 애 낳고도 저렇게 쌩쌩하다니~

출산 후 산모의 몸은 어떻게 변할까?

임신과 출산을 거치면서 여성의 몸에는 어마어마한 변화가 일어납니다. 아이를 낳으면서 짧은 시간 동안 엄청난 에너지를 소비한 산모의 몸은 기진맥진한 상태가 되고, 임신 이전의 상태로 돌아가기까지 6~8주의 시간이 걸립니다. '산욕기'라 불리는 출산 후 6~8주 기간에 산모는 산후 회복이 불완전할 뿐만 아니라 요실금, 산후풍(출산 후에 관절이 아프거나 몸에 찬 기운이 도는 한의학상의 증세), 산욕열(분만으로 생긴 성기의 상처를 통해 세균이 침입, 감염되어 고열이 나는 질환) 등 여러 질병으로 고생하기도 합니다. 따라서 출산 후에는 충분한 휴식과 영양소 섭취, 그리고 적당한 운동으로 지친 몸을 회복하는 데 힘써야 합니다.

산모에게 필요한 영양소

산모는 분만을 겪으며 과다한 에너지를 소모하게 되고, 산욕기 오로로 단백질과 철분도 잃게 됩니다. 또한 피하조직에 쌓여 있던 수분이 소변과 땀으로 배출되므로 수분도 부족해지기 쉽습니다. 따라서 산모는 산욕기 동안 일반인보다 많은 열량을 섭취해야 합니다. 산모의 하루 영양 권장량은 2800kcal이며, 하루 세 끼 먹고 틈틈이 간식을 먹는 방식으로 여러 차례 나누어 먹는 것이 좋습니다.

산모에게 필요한 하루 수분 섭취량은 2000~3000cc이며, 갈증을 더하는 청량음료는 피하고 우유나 물, 과즙을 충분히 섭취하는 것이 좋습니다. 기준 칼로리량에 달하는 영양분을 섭취하면서 출산으로 불어난 체중도 감량하려면 어느 때보다 균형 잡힌 식단을 짜야 합니다.

아기를 위해 양질의 단백질을 섭취하세요

단백질은 모유의 질을 결정하는 가장 중요한 영양소입니다. 따라서 모유 수유 기간에는 단백질 섭취에 특히 신경 써야 합니다. 단백질을 섭취하려면 고기, 생선, 간, 콩, 달걀, 그중에서도 참치, 고등어, 정어리, 꽁치와 같은 등푸른생선이 좋습니다.

철분과 칼슘을 충분히 섭취하세요

산모는 출산 시 흘린 혈액을 보충하기 위해 철분을 충분히 섭취해야 합니다. 식품으로 모자란 철분을 철분제로 보충하는 것도 좋으며, 비타민C는 철분의 흡수율을 높이기 때문에 함께 섭취하면 더욱 좋습니다. 칼슘은 멸치와 같은 잔생선류와 토란국, 곰국 등을 통해 보충합니다.

해조류와 어패류는 젖분비에 도움을 줍니다

각종 해조류와 어패류는 자궁의 수축을 돕고 피를 맑게 해주며 젖분비에 도움이 됩니다. 모유 수유 중인 산모는 특히 수분을 충분히 보충해주는 것이 중요한데, 이는 젖이 대부분 수분으로 되어 있기 때문입니다. 따라서 우유나 물, 과즙 등을 자주 섭취하는 것이 좋으며, 국이나 탕을 충분히 먹는 것도 좋습니다. 육류를 좋아하는 산모라면 고기를 먹을 때 지방은 제거하고 살코기만 먹는 것이 좋습니다. 육류의 지방이 유선을 막을 수 있기 때문입니다.

∨ 술과 담배는 금물, 커피는 하루 한 잔 이상 마시지 마세요

임신기간과 마찬가지로 출산 후 수유기간에도 술이나 담배, 커피 등은 피해야 합니다. 산모가 술을 마실 경우 알코올의 90% 이상이 모체의 혈액을 통해 젖으로 들어갑니다. 가끔 기분 전환으로 가볍게 마시는 것은 큰 문제를 일으키지 않지만 습관적인 음주는 아기의 성장을 방해합니다. 담배 역시 금물입니다. 산모가 담배를 피우면 모유를 통해 아기에게 니코틴이 전달되며, 긴접흡연의 피해가 적지 않습니다. 카페인의 경우 모유에 흡수되는 양이 1%에 불과하므로 하루 한 잔 정도의 커피는 크게 문제 되지 않습니다. 그러나 커피도 너무 마실 경우 카페인이 아기의 발육을 방해할 수 있어 조절하는 것이 좋습니다. 또한 산모는 카페인으로 수면장애를 겪을 수 있으므로 충분한 수면이 필요한 산욕기에는 피하는 것이 좋습니다.

모시조개 미역 파스타

산후조리 시 영양가 있는 음식물 섭취는 기본! 몸의 회복을 위해 미네랄과 단백질, 적당한 탄수화물 섭취는 필수랍니다. 약 40종의 미네랄과 DHA, 리놀산, 섬유소, 비타민 A, B1, B2, C 등이 풍부해 산후 자궁 수축과 지혈에 도움을 주는 미역과 출산 후 엽산, 철 등이 부족해 빈혈이 생긴 산모에게 특히 좋은 모시조개를 첨가한 '모시조개 미역 파스타'를 소개합니다.

재료 소개 | 2인분 기준

조개 150g(모시 또는 바지락), 미역 50g, 소금·후추 약간씩,
물 4컵, 국간장 2큰술, 올리브유 3큰술, 통마늘 6조각,
링귀니 파스타면 150g, 물 4컵, 파마산 치즈 10g

조리법

1 마른 미역을 찬물에 불리고, 모시조개는 물에 담가 해감한
  다(포장되어 담긴 해조류는 해감이 되어 있으므로 따로 소금물을 넣
  지 않아도 된다).

2 마늘 반절은 다지고(미역국용), 남은 반절은 얇게 썬다(파스타용).

3 달군 팬에 올리브유를 두르고, 다진 마늘과 미역을 볶는다.

4 미역이 익으면 물 4컵, 국간장, 소금, 후추를 넣고 끓인다.

5 다른 팬에 물을 끓인 다음, 기름을 넣고 파스타면을 10분 정도 익힌다. 파스타면이 익으면 건져 올리브유를 약간 넣고 섞는다(달라붙는 것 방지).

6 달군 팬에 올리브유를 두르고, 반절로 자른 통마늘을 넣고 볶다가 미역국 2~3국자를 넣고 끓인다.

7 해감해둔 조개와 파스타면을 함께 볶은 뒤 소금, 후추로 간한다.

8 위에 파마산 치즈가루를 뿌린 다음 기호에 맞게 파슬리나 바질을 넣고 마무리한다.

미역의 효능

미역은 산후의 자궁 수축을 돕고 피를 맑게 하며, 관절의 기능 회복을 도와줍니다. 또한 부종의 치료와 예방에도 효과가 높다고 합니다. 단 출산 후 몸에 나쁜 피가 채 없어지기 전에 육류를 너무 많이 먹으면 비만과 신경통을 일으키므로 국을 끓여 먹을 때에는 고기 대신 조개나 참기름을 넣어 담백하게 먹는 것이 좋습니다.

임신시기에 따른 미역국의 종류

출산 초기에는 미네랄과 철분이 풍부한 어패류를 넣은 미역국이 좋으며, 2~3주가 지난 뒤에는 단백질이 풍부한 소고기를 넣은 미역국이 좋습니다. 이는 출산 후 어혈이 제거되는 기간 때문입니다. 특히 살코기가 들어간 미역국이 좋으며, 이는 출산 후 6개월이 지나도 원래의 체중으로 돌아오지 못한 출산 비만인 경우, 몸에 유해한 콜레스테롤 수치를 낮추고 혈액순환을 돕기 때문에 다이어트에도 좋습니다. 그러나 좋은 약도 과하면 좋지 않듯, 미역국도 너무 많이 먹으면 요오드 과다 섭취로 갑상선질환이 생길 수 있습니다.

또한 미역국에는 파를 넣지 않는 것이 좋은데, 미역에 들어 있는 칼슘이 파에 들어 있는 유황과 인을 중화하는 데 모두 이용되기 때문입니다.

한남동 '한남북엇국'

'한남북엇국'은 사골 육수로 끓인 시원한 북엇국의 맛을 느낄 수 있는 북엇국 전문점입니다. 종갓집에서 살아온 사장님은 예전 양반들이 먹던 좋은 음식들의 맛을 그대로 내기 위해 오랜 시간 끓인 육수로 북엇국을 만든다고 합니다. 한남동 골목에 위치한 이곳은 특별한 인테리어는 없지만 주방을 훤히 개방해서 재료와 모든 과정을 자신 있게 드러냅니다. 대표 메뉴는 단연 북엇국입니다. 이곳 북엇국에는 사골 국물에 토막썬 북어가 부드럽게 씹히며, 두부와 부추가 푸짐하게 들어 있습니다. 북엇국 외에도 자박수육, 뼈 없는 닭발 편육 등 다양한 한식 메뉴를 즐길 수 있습니다.

대표 음식 북엇국
가격 6,000원
영업시간 8:00~2:00
(주말 24:00)
휴무 일요일
위치 서울 용산구 한남동 73-2
전화번호 02-2297-1988
주차 불가능
팁 문경시 특산품 판매 지정 장소로 버섯, 오미자, 사과 등을 구입할 수 있다. 인기가 많으므로 예약은 필수!

뽀얗게 우러난 사골 국물에 작게 토막썬 북어가 부드럽게 씹히며, 두부와 부추가 푸짐하게 들어 있다. 북어 비린내가 나지 않고 깔끔하면서 시원하다.

1. 편안한 분위기의 내부
2. 북엇국과 김치전

check
우리 동네 맛집 찾기

수유동
샘터마루
(북엇국)

남창동
막내횟집
(미역국(사이드))

창신동
와글와글족발
(족발)

서소문동
만족오향족발
(오향족발)

합동
비진도해물뚝배기
(전복 뚝배기)

화양동
키타구니
(된장 라멘)

한남동
한남북엇국
(북엇국)

청담동
테이스팅룸
(그린 몬스터 플랫 브레드)

삼성동
아름다운식탁
(우리집 건강 샐러드)

역삼동
소반
(함초 두부선)

누구에게도 말할 수 없는 엉덩이의 비밀

치질의 원인

우리 주변에는 쉽게 털어놓지 못할 질환으로 고민하는 사람들이 적지 않습니다. 항문질환도 이 가운데 하나입니다. 괜히 상의했다가 "쟤 치질이래!"라고 소문이라도 나면 얼마나 민망할까요? 항문질환에는 치핵, 치루, 치열, 탈함 등이 있는데, 이 중 대부분을 차지하는 치핵을 일반적으로 치질이라고 부릅니다. 치질 환자는 꾸준히 증가하고 있습니다. 오랫동안 앉아서 일하는 업무환경과 스트레스, 피로, 자극적인 음식을 즐겨 먹는 식습관 때문입니다. 평소 만성변비나 설사를 자주 겪거나 노화로 항문 주위의 근육 탄성이 약해졌다면 치질에 걸릴 위험이 큽니다. 따라서 변비와 설사에 도움이 되는 음식들을 주로 섭취하면서 치질을 예방해야 합니다.

치질에 좋은 영양소

치질은 동물성단백질이 함유된 음식이나 술 또는 매운음식을 먹을 경우 악화될 수 있습니다. 대신 평소 치질 예방에 좋은 야채나 섬유질을 많이 섭취하는 것이 좋습니다.

감잎은 출혈을 멎게 해줘요

감잎은 이뇨·해열·지혈 작용이 뛰어나 치질로 피가 날 때 차로 달여 마시면 출혈
이 멎는 효과를 볼 수 있습니다. 어리고 연한 감잎을 따서 옆맥을 떼어내고 끓는
물에 1분 정도 담갔다가 찜통에 쪄주세요. 건져낸 감잎의 물기를 없앤 후 잘게 썰
어 밀폐된 용기에 보관하고 적당량씩 녹차처럼 우려 마시면 감잎차가 됩니다.

호박씨는 치질 치료에 좋아요

호박씨는 칼륨, 칼슘, 인이 풍부하고 비타민B가 함유되어 있습니다. 치질로 고생
하는 경우 호박씨를 달인 물로 환부를 씻어주면 효과를 볼 수 있습니다.
* 호박씨 300g을 물 1L에 넣고 양이 절반으로 줄어들 때까지 푹 달인 후 하루에
  두 번씩 치질 부위를 씻어주세요.

호두는 장을 매끄럽게 해요

호두는 지방질이 풍부해 변을 묽게 하고 장을 매끄럽게 해줍니다. 따라서 변비가
원인인 치질은 호두차를 꾸준히 마시면 도움이 됩니다. 호두를 살짝 데쳐 껍질을
벗긴 다음 검은깨와 함께 갈아 물에 타서 마시면 치질 예방에 좋습니다.

알로에는 장의 연동운동을 촉진해요

알로에는 식물성섬유가 풍부해 장의 연동운동을 촉진하고 쌓여 있던 변을 없애
치질을 완화시킵니다. 알로에 잎사귀를 꺾어 흘러내리는 액즙을 모아 그대로 마
시거나 차로 달여 먹으면 효과를 볼 수 있습니다.

마늘은 통증을 완화해요

통증이 동반된 치질이라면 마늘구이로 가라앉혀보세요. 마늘을 한 쪽씩 알루미
늄 호일에 싸서 오븐 토스트기에 구운 후 얇은 껍질을 벗기고 가제로 싸서 환부
에 대주세요. 잠자리에 들기 전 환부에 대서 아침까지 찜질하면 통증 완화에 도
움이 됩니다.

∨ 이런 음식은 피하세요

동물성단백질 육류, 생선, 달걀, 우유 등의 음식은 소화가 어려워 치질에 좋지 않습니다.
술, 카페인, 매운음식 자극적인 음식과 카페인의 과도한 섭취는 위와 장에 좋지 않습니다.

쉬림프 라이스 누들 샐러드

치질의 치료와 예방에 좋은 영양소에는 출혈을 막아주는 비타민P, 혈관을 강화해주는 비타민C 등 여러 가지가 있습니다. 치질의 주 원인은 변비라고 합니다. 변비를 예방하고, 장까지 강화해준다면 그것이야말로 치질의 치료와 예방에 가장 좋은 음식이 아닐까 싶습니다. 칼슘은 장 근육의 수축을 원활하게 하고, 장 근육을 강화하는 효능이 있어, 변비 예방은 물론 장에도 좋다고 합니다. 칼슘이 풍부한 새우를 이용해 만든 '쉬림프 라이스 누들 샐러드'를 소개합니다.

▌재료 소개 | 2인분 기준

쌀국수 100g, 식용유 3큰술, 대하 4마리,
화이트와인 25ml, 통후추 2개, 물 한 컵, 월계수잎 1개,
표고버섯 30g, 당근 80g, 양파 1/4개, 홍고추 1/2개,
소금·후추 약간씩

샐러드 드레싱 설탕 1.5큰술, 간장 1.5큰술,
현미식초 2큰술, 올리브유 5큰술, 소금·후추 약간씩

▌조리법

1 쌀국수를 찬물에 30분 정도 불렸다가 끓는 물에 20~25초
  정도 데친 다음 찬물로 헹군다. 식용유를 발라서 달라붙는 것
  을 방지한다.

2 준비한 팬에 물, 화이트와인, 통후추, 월계수잎, 소금, 후추를
  넣고 끓인 다음, 새우를 넣고 뚜껑을 덮어 5분 정도 익힌다.

3 (샐러드) 표고버섯을 얇고 납작하게 썰고 양파, 당근, 홍고추
  도 얇게 썬다.

4 준비한 팬을 가열하고 약간의 식용유를 두른 다음 잘라둔 표
  고버섯을 볶는다.

5 **(샐러드 드레싱)** 간장, 현미식초, 설탕을 넣는다.

6 올리브유, 소금, 후추를 섞어서 샐러드 드레싱을 만든다.

7 준비한 볼에 볶은 버섯, 양파, 당근을 넣는다.

8 홍고추, 데친 쌀국수, 샐러드 드레싱을 넣고 잘 섞어준다.

9 샐러드를 접시에 담고, 그 위에 조리된 새우를 올린다.

새우 이야기

새우는 단백질 함량이 높으면서 지방은 적습니다. 즉 고단백·저지방 식품으로 다이어트에도 좋습니다. 또한 칼슘과 타우린 함량이 풍부해 고혈압 예방과 성장 발육에도 효과적입니다. 새우에 함유된 키토산 성분은 혈액 내의 콜레스테롤을 낮춰주는 역할도 합니다. 특히 껍질과 꼬리에 칼슘이 많이 함유되어 있다고 하니 이제부터는 꼬리를 떼지 말고 드세요. 씹을수록 고소한 맛이 일품이라고 합니다.

임신하고 나서 왜 갑자기
치질이 생기는 걸까요?

임산부는 임신과 출산을 겪으면서 호르몬의 변화가 생깁니다. 황체호르몬 분비량의 증가로 대장의 운동능력이 떨어져 변비가 생기는 경우 치질의 원인이 될 수 있습니다. 임신 5개월이 넘으면 자궁이 커지면서 혈관과 장을 압박하여 변을 보기 힘들어지게 됩니다. 그래서 변을 볼 때 반복적인 힘이 가해지고 그 압력으로 항문에 상처를 입거나 항문 속 치핵이 외부로 나오게 되면 치질이 생길 수 있습니다. 또한 자연분만의 경우 출산 시 많은 힘을 주면 치질에 걸릴 수 있습니다. 일반인의 경우 수술 한 번으로 거의 완벽하게 치료할 수 있지만 먹는 약 하나에도 조심스러운 임산부들은 그렇지 않습니다. 그러나 증상을 방치할 경우 치질을 악화시켜 태아의 건강까지 위협할 수 있으므로 조기 치료가 중요합니다.

치질 예방법

∨ 식이섬유가 풍부한 과일이나 야채, 잡곡, 해조류 등을 충분히 섭취합니다.

∨ 물을 자주 마셔서 장운동을 활발하게 합니다.

∨ 배변시간은 5분을 넘지 않아야 합니다.

∨ 항문 주위의 혈액순환을 위해 배변 후 따뜻한 물로 좌욕합니다.

∨ 임산부는 오래 앉아 있거나 서 있는 것을 피하고 옆으로 누워 휴식을 자주 취합니다.

여의도 '란나타이'

'란나타이'는 여의도에 위치한 태국 요리 전문점입니다. 태국 요리는 향이 강해 먹기 힘들다고 생각하는 사람들이 많지만, 이곳의 요리는 한국인들이 더 좋아합니다. 태국 전통음식인 '양꿍' 등을 제외한 메뉴는 대부분 향이 독하지 않으며, 태국 소스나 베이스 가 한국의 젓갈과 비슷해 친숙한 느낌을 줍니다.

'란나타이'에서는 태국 레스토랑의 조리사가 직접 요리해 정통 태국 요리를 맛볼 수 있고, 취향에 맞추어 향이나 간을 조절할 수 있어 남녀노소 누구나 태국 음식을 입맛에 맞게 즐길 수 있습니다. 대표 메뉴 가운데 '풋팟픽끄아'는 꽃게를 통째로 튀겨 양념 소스에 버무린 요리인데, 거대한 꽃게가 푸짐하게 나옵니다. 또한 매콤한 태국 소스로 맛을 내, 느끼할 수 있는 튀김의 단점을 보완 했으며, 튀김의 바삭함과 게살의 부드러움을 동시에 느낄 수 있습니다.

대표 음식 팟타이
가격 9,500원
영업시간 10:00~22:00
　　　　　(마지막 주문 21시)
휴무 연중무휴
위치 서울시 영등포구 여의도동 43-4
　　　B1F(롯데캐슬아이비 지하1층)
전화번호 02-782-8284
주차 가능
팁 오피스 상권에 있기 때문에 평일이
주말보다 바쁘다. 예약 필수!

> 태국 특유의 타아린 소스에 새우를 넣어 볶은 쌀국수로, 기호에 맞게 숙주와 레몬, 땅콩가루를 넣어 먹을 수 있다. 여성들의 최고 인기 메뉴.

▶check
우리 동네 맛집 찾기

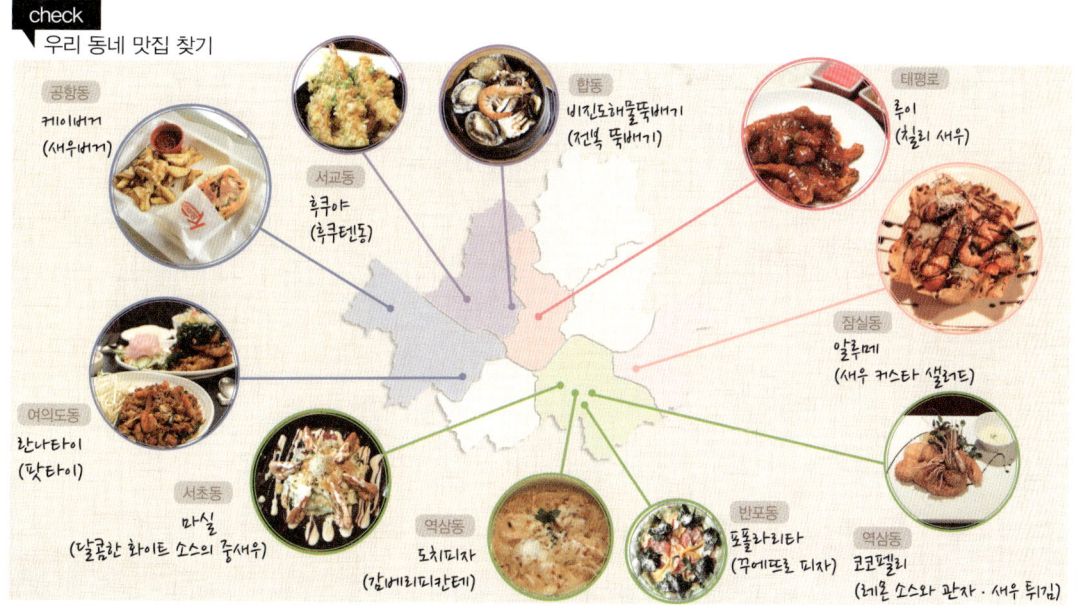

공항동
케이버거
(새우버거)

서교동
후쿠야
(후쿠텐동)

합동
비진도해물뚝배기
(전복 뚝배기)

태평로
루이
(칠리 새우)

잠실동
알루메
(새우 커스타 샐러드)

여의도동
란나타이
(팟타이)

서초동
마실
(달콤한 화이트 소스의 중새우)

역삼동
도치피자
(감베리피칸테)

반포동
포폴라리타
(꾸에뜨라 피자)

역심동
코코펠리
(레몬 소스와 관자 · 새우 튀김)

빛나는 외모

1. 지성피부
기니상 뭉고 http://www.youtube.com/watch?v=_Vf9Gh8k5ll
우리 동네 맛집 http://foodresearch.co.kr/food05.html

2. 건성피부
인절미 떡갈비 쌈밥 http://www.youtube.com/watch?v=ZsGHar-lpBM
우리 동네 맛집 http://foodresearch.co.kr/food06.html

3. 피부미백
화이트와인 포도 젤리 http://www.youtube.com/watch?v=cpgDHemUhzM
우리 동네 맛집 http://foodresearch.co.kr/food08.html

4. 기미
꿀 간장 연어구이 http://www.youtube.com/watch?v=Yi4_g9Yc1VY
우리 동네 맛집 http://foodresearch.co.kr/food09.html

5. 여드름
사과 보리 율무 샐러드 http://www.youtube.com/watch?v=gruzDGwyjwA
우리 동네 맛집 http://foodresearch.co.kr/food01.html

6. 피부탄력
레드와인 소꼬리 반골찜 http://www.youtube.com/watch?v=YNoJ_nKyEvY
우리 동네 맛집 http://foodresearch.co.kr/food07.html

7. 다크서클
돼지고기 양배추 샐러드 http://www.youtube.com/watch?v=yJwSlk_UX8Q
우리 동네 맛집 http://foodresearch.co.kr/food02.html

8. 다이어트
닭가슴살 토마토 두유 소스 스테이크
http://www.youtube.com/watch?v=Sken3YS52so
우리 동네 맛집 http://foodresearch.co.kr/food03.html

9. 너무 말라 고민
고구마 단호박 호밀버거 http://www.youtube.com/watch?v=lfUGdZCRUvs
우리 동네 맛집 http://foodresearch.co.kr/food04.html

10. 붓기
단호박 파스타 http://www.youtube.com/watch?v=0zlx3Eiv-Zs
우리 동네 맛집 http://foodresearch.co.kr/food10.html

11. 탈모
참치 다시마덮밥 http://www.youtube.com/watch?v=OpAQVFduNNU
우리 동네 맛집 http://foodresearch.co.kr/food11.html

12. 갈라진 손발톱
소고기 뱅어포말이 http://www.youtube.com/watch?v=ymYFoz_j97c
우리 동네 맛집 http://foodresearch.co.kr/food12.html

건강한 삶

1. 감기
파뿌리튀김 http://www.youtube.com/watch?v=2P7RcP5jkjo
우리 동네 맛집 http://foodresearch.co.kr/food21.html

2. 변비
청국장 김치덮밥 http://www.youtube.com/watch?v=8Of7v3z_gco
우리 동네 맛집 http://foodresearch.co.kr/food14.html

3. 아토피
대구 토마토 차우더 http://www.youtube.com/watch?v=Rp3aduxGglY
우리 동네 맛집 http://foodresearch.co.kr/food13.html

4. 냉대하증
삼계 갈릭 파스타 http://www.youtube.com/watch?v=80pLUW9xw7o
우리 동네 맛집 http://foodresearch.co.kr/food16.html

5. 소화불량
파인애플 그라니타 http://www.youtube.com/watch?v=9fccVlQx1XA
우리 동네 맛집 http://foodresearch.co.kr/food31.html

6. 빈혈
로스트 덕 샐러드 http://www.youtube.com/watch?v=DrYsXjyt768
우리 동네 맛집 http://foodresearch.co.kr/food20.html

7. 안구건조증
블루베리 비빔밥 http://www.youtube.com/watch?v=0VESKzgg-5l
우리 동네 맛집 http://foodresearch.co.kr/food22.html

8. 비염
도라지 된장 샤부 샐러드 http://www.youtube.com/watch?v=ePhl8eGv7ro
우리 동네 맛집 http://foodresearch.co.kr/food18.html

9. 저혈압
사천식 샐러리 돼지고기 볶음 http://www.youtube.com/watch?v=zq1pll8upL8
우리 동네 맛집 http://foodresearch.co.kr/food19.html

10. 고혈압
메밀 부리토 http://www.youtube.com/watch?v=HlLq9rtCttl
우리 동네 맛집 http://foodresearch.co.kr/food17.html

맛과 건강, 뷰티를 동시에 챙기는

마법의 테라피

초판 1쇄 인쇄 2012년 9월 19일
초판 1쇄 발행 2012년 9월 26일

지은이 신유리·공경용
펴낸이 이완신
펴낸곳 이인시각

주소 서울시 마포구 공덕동 467 롯데캐슬 프레지던트 101동 1904호
전화 02-762-8666   팩스 02-741-8666

기획·진행 이경민, 정부선, 안태형, 공현식, 이강연, 김건
마케팅 황정선
경영전략 강구환, 공진욱
교열 정여름
디자인 문은정
포토그래퍼 박은혜
일러스트 김해리
어시스트 조정희, 이원

값 13,800원
ISBN 978-89-966585-2-8

* 잘못된 책은 바꿔드립니다.
* 이 책의 전부 또는 일부 내용을 재사용하려면 사전에 저작권자와 이인시각의 동의를 받아야 합니다.